中国の戦略的海洋進出

平松茂雄

keiso shobo

傘寿を迎えられた
石川忠雄先生に

まえがき

今から一〇年ばかり前の一九九一年に、著者は『甦る中国海軍』という著書を出版した。七〇年代から始まった中国の海洋進出が、八〇年代後半から急速に進展し、八八年に入ると、海軍力を展開して、南シナ海のベトナム南部海域に点在する南沙諸島のいくつかのサンゴ礁を占領し、数年のうちに実効支配を固めた。中国の次の関心はフィリピン海域かマレーシア海域に向けられるであろうが、このままの状態が持続すると、中国は一〇年程度で南沙諸島の実効支配を固め、その後東シナ海に進出してくるであろうと著者は予測した。

何故ならば、中国は東シナ海の真ん中の海域（日中中間線の中国側海域）で、八〇年代を通して海底石油の試掘を行なっており、その一部では正式の採掘が始まるところにまで進展していると推定されたからである。東シナ海大陸棚の石油資源は、中国側海域よりも日本側海域が有望と見られており、中国側海域での開発が進むと、中国は日本側海域に進出して来ることが予想されたのである。著者はその時期を九〇年代後半から二一世紀初頭と予想したが、中国の東シナ海進出は著者の予想を越えて、九〇年代中葉に始まり、二〇世紀末には軍艦が出現し、戦闘艦艇ではなく、情報収集艦艇であるにしても、日本を一周するまでに至っている。

著者は『甦る中国海軍』を、建国以来の中国海軍の発展の歴史を辿ることによって、中国の指導者たちの関心が海洋に向けられており、特に中国大陸周辺の海域に対して具体的な行動を取り始めていることに、わが国の政府、マスコミ、そして広く国民が関心を持つことを願って書いた。著者はこの本の冒頭で、中国の現在の指導者たちが日清戦争の敗北に学んで、強い海軍力の構築を目指していることを指摘した。

どこの国でも、軍事力整備計画は一〇年あるいは二〇年先を見通して実施される。中国は一〇年ばかりの期間で南シナ海の実効支配を固めた。中国の東シナ海進出も著者の予想をはるかに越えて進んだばかりか、中国海軍の艦艇が日本の近海にまで迫ってきている。このままの状態が続くと、東シナ海は「中国の海」になってしまうであろう。

著者の見方は甘かったと言わなければならないが、それよりも理解できないところは、わが国政府の対応が依然として及び腰であり、またマスコミが一部を除いて相変わらず関心を示さないことである。こうした事態は今に始まらないにしても、わが国の外交・防衛関係者は、中国を正視しているとはとても思えない。

前著『続中国の海洋戦略』（一九九七年刊行）の「あとがき」で著者は、「わずか六年間に三冊の海洋関連書物を出版したことは、著者の関心の強さにあるが、他方それだけ中国の海洋進出が顕著であることを示している」と書いた。その時から五年を経て、わが国の周辺海域における中国の海洋調査活動は、わが国政府の及び腰で無責任な対応の故に、無秩序な状態になりつつある。またわが国の周辺海域では、中国海軍が潜水艦を展開するための海洋調査活動が始まろうとしている。

機会あるたびに指摘していることであるが、中国は七〇年代初頭から、国家戦略として一貫して海洋戦略を推進している。それに対してわが国には一貫した戦略が欠けている。中国を正視すれば、自ずから何をすべきかが分かってこよう。中国に対する思い入れや思い込みは禁物である。

目次

第一部　劉華清と外洋海軍指導体制の形成

第一章　海洋に進出する中国

一　中国の海洋進出と鄧小平の「第三世界論」

1　鄧小平の「第三世界論」

「発展途上国は独立して経済を発展させる面できわめて大きな潜在力を持っている。各国がそれぞれの特徴と条件に基づき、独立・自主、自力更生の道に沿って、たゆみない努力を続けて行きさえすれば、工業・農業の近代化の面で、徐々にわれわれの先人が到達できなかった高度の生産水準に到達できることは、まったく可能である。帝国主義が発展途上国の開発の問題で言い触らしているあらゆる悲観的な、処置なしといった論調は、まったく根拠のないものであり、下心のあるものである。」

「発展途上国が民族経済を発展させて行くには、先ず自国の天然資源をその手に握り、また外国資本の支配から徐々に抜け出さなければならない。多くの発展途上国では、国民経済のなかで原料生産がかなり大きな比重を占めている。だからこれらの国々が原料の生産、使用、販売、貯蔵、輸送をすべてその手に握り、平等な貿易により、合理的な価格で原料を販売し、引き替えに自国の工農業生産の発展に必要な、かなり多くの製品を得られるならば、その直面している困難を一歩一歩解決して、貧しく立ち後れた状態から抜け出す上で、道を切り開くことができる。(1)」

これは文化大革命で失脚した鄧小平が、復活してまもない一九七四年四月に国連特別総会で行なった演説の一節である。この演説は一般に「第三世界論」と言われ、当時多くの中国研究者や国際関係を論じる者は、この演説をもって、中国がそれまでの世界観あるいは対外政策の基本方針から大きく離れ、米国とソ連の二つの超大国に対抗して、自国を「発展途上国」であり、第三世界の一員として位置付け、第三世界諸国の中核として第三世界諸国の力を結集して行く理論として論じた。そのことに間違いはないが、この演説が「原料・開発問題を検討する第六回国連特別総会」での演説であることに言及した者は当時著者を含めてほとんどいなかったといってよい。

2　国連海洋法会議

この演説が行なわれる前年の七三年から国連では、「二〇世紀後半の最も重要な会議」(ワルトハイム国連事務総長)と言われた国連第三期海洋法会議が始まっており、「海洋自由の原則」から「海洋分割」へ、「自由な海」から「管理された海」へと世界の流れは大きく変わろうとしていた。すなわち六〇年代に政治的独立を達成した新興諸国の間で、資源ナショナリズムが台頭し、「新国際秩序」の一つとして「公平な海洋秩序」作りを要求する第三世界の発展途上国の立場は時代の潮流となりつつあった。そこでは、先進工業国と発展途上国、資源保有国と非保有国、沿岸国と内陸国、さらに米ソ両軍事大国の角逐と、さまざまな思惑が絡んでいた。(2)

中国が早くから海洋に関心を持った背景には、世界が二〇〇カイリ排他的経済水域の時代に入りつつあることに対する認識があった。鄧小平の演説は、経済的独立を達成するには、先ず自国の資源を全面的に支配する権利と、自由に処分する権利が必要であるとし、「資源主権」をあらゆる国際会議で主張した七七ヵ国グループ閣僚会議の「アルジェ憲章」を念頭においている。先に述べたように当時国連では海洋法会議が開催されており、中国代表団は七七ヵ国グループをはじめとする第三世界の発展途上国の立場を支持し、その力を結集することに専念した。(3) それは国連に加盟したばかりの中国が活動する格好の舞台でもあった。

七四年八月、凌青中国政府代表団副団長は次のように論じた。「排他的経済水域の設立は新しい海洋法にとって、一つの重要な問題であり」、「広範なアジア・アフリカ・ラテンアメリカ諸国と人民が民族経済を発展させる」上で、「全く正当な、条理に適った」ものである。「沿岸国に近い海域の再生資源と非再生資源は沿岸国の天然資源と切り離せない一部分であり、沿岸諸国がその民族経済を発展させる重要な条件である。今日広範な発展途上国は、自国の沿海にある資源に対して恒久的主権を享有することを宣言したが、これは彼らの合法的権益であり、他の国々はそれを尊重すべきである。ところが超大国は口先では経済水域を受け入れながら、他方で沿岸国の資源に対する主権を制限しようとしている」。「沿岸国は経済水域内のあらゆる天然資源を保護・利用・探査・開発するすべての権利を持っている。これらの資源が掠奪され、不法占拠され、または破壊されたり汚染されたりすることを防止するために必要な措置と規定を行なう権利を持っている。この水域の海洋環境と科学研究に対する全面的な規制と管理の権利を持っている」と。(4)

鄧小平の「第三世界論」は、「新しい海洋の時代」の到来、「新国際経済秩序」の形成を示す重要な演説であった。中国の海洋進出は、国連における海洋法条約の討議と切り離すことができない。

二　転機となった中ソ対立

中国が海洋の経済的・軍事的重要性を認識して、それに積極的に対応するようになった時期は一九五〇年代の終わり頃であり、六〇年代に入ってからである。(5)それより以前の五〇年代の中国の経済建設は、一つには社会主義陣営の一員であったこと、さらに朝鮮戦争への参戦により米国の主導による対中国輸出規制、特に対中戦略物資の輸出規制（ＣＨＩＮＣＯＭ、後にＣＯＣＯＭに統一）を受けたことから、外国貿易総額の三分の二はソ連と東欧諸国との貿易が占め、貨物輸送の多くはシベリア鉄道経由であった。(6)そのため海運に対して切迫した需要は生じなかった。そのことは中国の五ヵ年計画のなかで、造船工業が重要な地位を占めていなかったことによく現われていた。当時ソ連の援助による重点工業企業建設計画のなかで、造船工業は、上海滬東造船所と大連造船所の二ヵ所だけであった。

ところが五八年六月、開催中の中央軍事委員会拡大会議で、毛沢東は「中国の海岸線はこのように長い。わが国の現代工業、現代農業、現代科学文化の発展の基礎の上に、国防力を建設し、引き続き陸軍と空軍の建設を強化するほかに、必ず大いに造船工業をやって、大量に船を造り、海上の〝鉄路〟を建設して、今後の若干年内に強大な海上戦闘力を建設しなければならない」ことを強調した。(7) また五九年一一月劉少奇国家主席は海軍艦艇部隊を視察した際、「強大な海軍を建設して、わが国の海洋事業を発展させよう」という題辞を揮毫した。(8)

これらの発言は当時公表されることなく、後に明らかにされたが、中国が五〇年代における経済発展を基礎に海洋への発展を意図していたこと、およびその過程でソ連との間にさまざまな問題が生まれ、特に五八年夏にフルシチョフが中国に提案した「中ソ共同艦隊構想」に対して、ソ連は「中国の海岸を封鎖する」ことを意図していると見て、毛沢東は「中国の海域は中国が守る」と答え、さらに海上への発展を唱えたことが分かる。(9)

こうして六〇年に「中ソ対立」が公然化するとともに、ソ連は中国への経済・技術援助を打ち切った。ソ連との経済関係は急速に悪化し、中国は対外貿易を西側諸国に切り換えざるをえなくなり、貨物輸送の流れは主として海上経由となったため、海運の発展は緊急の課題となり、海運においても「自力更生」の道を歩むことになった。

六一年交通部遠洋運輸局に遠洋運輸公司が設立され、同年四月「光華」号が広州の黄埔港からインドネシアのジャカルタまで航行した。これは建国後における中国船舶の初めての遠洋航海であった。六三年五月青島から下関に向かって航海中の遠洋貨物船「躍進」号が済州島西南方沖で挫折し沈没するという事故があり、「自力更生」による海洋発展には苦難があったが、他方その間日本をはじめとして西側諸国の船舶をチャーターし、あるいは中古船を購入するとともに、造船に力を入れるようになった。

上述した五八年の毛沢東指示に基づいて、一万トン級の遠洋貨物船の自国設計・建造が開始された。中国の低い経済水準・後れた技術水準で万トン級の遠洋船舶を建造することについて党内・国内で激しい論議が闘わされたが、「毛沢東思想を武器とし、世界の先進水準を追い越すことを目標とし、迷信を打破し、思想を解放し、あらゆる西洋の枠を一掃し、自力更生の道を歩む決意をして」、上海の江南造船所、滬東造船所、および船舶設計関係部門は、「東風」号の設計・建造を行ない、六七年末完成した。(10)

「東風」号は全長一六一メートル、排水量一万八八〇〇トン、積載量一万一七〇〇トン、速度は時速一七ノット、連続航行四〇昼夜、途中どこの港に停泊せずにヨーロッパ、アフリカあるいは北米大陸まで航行できる。主要機関は中国が初めて自力で設計・製造した低速重型低速増圧ディーゼル・エンジンである。船全体の発電量は一〇万余りの人口を有する小都市の照明に使う電力を供給できる。これらの設備器材は、全国一八省・市の三〇〇近くの工場からきたもので、多くは「東風」号の試作のための技術がかなり高い船舶用の新製品である。「東風」号の設計・建造は、「中国の造船発展史上における一つの里程標であり、中小型沿海貨物船から一万トン級遠洋貨物船に飛躍させ、二〇〇〇馬力ディーゼル・エンジンから八八二〇馬力ディーゼル・エンジンに飛躍させ、外国人が数十年かかっ

て歩んだ道程を、数年という短期間に歩んだ。この発展速度は歴史上前例のないことである」と中国は自画自賛した。(11)

これ以後万トン級の遠洋貨物船（主体は散積み貨物船と石油タンカー）が次々建造された。だがまだ中国の造船能力には限度があったため、遠洋船舶の建造は多くなく、自己の商船隊を保有していなかったため、中国は外国貿易・海運を主として中古船を含む外国船舶を購入するか、あるいはチャーターすることに依存せざるをえなかった。外国船舶への依存は、他人の制約を受けるばかりでなく、費用も高かった。

七〇年二月周恩来首相は全国計画会議での情況報告で、「遠洋船隊の建設を迅速に進め、第四次五ヵ年計画期間に一一〇万トンから四〇〇万トンに拡大し、七五年までに遠洋輸送で長期にわたり外国籍船舶に依存してきた局面を基本的に改めなければならない」と指摘した。(12)これを受けて同年六月四日付け『人民日報』に造船工業の発展を方向付けた論文が書かれた。(13)

七〇年代に入ると、対外貿易の拡大とともに、中国の海運は目覚ましい発展を遂げた。すなわち七〇年代末までに中国は万トン級以上の船舶を八六隻、一五一万六〇〇〇トンを建造した。最大の船舶は五万トン級の石油タンカーであった。同じ時期に中国が保有する各種外洋船舶は総数三九八隻、総計七一三万トン。中国の遠洋航路は一〇〇を越える国家・地域の四一八ヵ所の港に及び、その貨物輸送量は六五年の一六五万トンから七九年には四〇〇〇万トンに増大した。(14)

三　国家海洋局と海洋調査船の建造、海洋調査の進展

1　中国近海での海洋一般調査

建国後の一九五〇年代前半期における海洋科学調査は、①生物調査を主体とする漁場調査、②水深調査を主体とする航路の測量であった。前者は水産部門が主体となり、後者は交通部門と海軍が主体となって実施された。物理海洋調査は実施されていなかった。(15)

五六年に「十二ヵ年科学技術発展計画（一九五六～六七年）」が制定され、中国の海洋科学調査研究は国家科学技術発展計画に組み込まれた。計画の任務は次の四項目である。①中国近海の総合調査の実施、②海洋水文気象予報システムの形成、③海洋生物資源の調査・研究の実施、④国防・交通に関連する海洋学問題の展開。国務院国家科学委員会に、海軍の一部の単位と海洋学者を組織して海洋専門小組が設置され、当時海軍副司令員であった羅舜初が組長となった。海洋専門小組には、海洋物理組、深海遠洋組、海洋水文・気象組、海洋化学組、海洋地質・地貌組、海洋儀器組の七つの小組が設置され、六四年に国務院に国家海洋局が設置されるまで、海洋科学技術研究・調査を指導した。そのうちの主要なものを次に紹介する。(16)

①五七年に、中国科学院海洋研究所の海洋調査船「金星」号は、渤海で海洋調査を行なった。これは中国が物理海洋学を主体として実施した最初の海洋総合調査であった。②五八年から六〇年にかけ

て、国家科学委員会海洋組は全国海洋総合調査を組織した。先ず五八年九月渤海、黄海、東シナ海で同時に調査が開始され、ついで五九年一月南シナ海で実施された。五九年の前半期は四つの海域で調査中の調査船は毎月延べ二〇隻、参加人員は六〇〇人に達した。③五九年地質部は天津塘沽に第五物理探査大隊を創設し、渤海海域で石油資源探査する目的で海洋地球物理調査を行なった。同年地質航空測量大隊は渤海全域と沿海部分地区に対して、中国で初めての海上航空磁力測量を実施した。六〇年に、中央気象局は渤海と黄海で海洋断面調査を実施した。

調査終了後、各関連部門は海洋が経済建設および国防建設において重要な意義を持っていることを認識して、海洋調査船の設計、建造に着手し、海洋科学研究、資源開発のために、海洋調査船隊が創設された。(17)

ここで簡単に建国以来の海洋調査船の実情を述べるならば、建国当時一隻の海洋調査船も保有しなかったため、一部の漁船あるいは海軍の補助艦艇を利用して海洋調査船とした。五六年中国科学院海洋生物研究所は、一三〇〇トンの船を海洋総合調査船に改装し「金星」号と命名した。これが中国で最初の一〇〇〇トン級の海洋調査船であった。五八年から六〇年末まで、全国海洋総合調査の必要に応えるために、漁船、輸送船および海軍の補助艦艇を利用し、あるいは調査船に改装した。ついで国家科学技術委員会海洋組は二五〇トンの近海用調査船を四隻建造し、中央気象局は八〇〇トン級の「気象1」号調査船を建造した。これらは中国が自国で設計建造した最初の海洋調査船であった。

2　国家海洋局の誕生(18)

一九六三年、二九人の海洋専門家が中共中央と国家科学技術委員会に書簡を送り、中国の海洋活動の強化を建議した。それによると、海洋活動のなかで緊急に解決を要する問題は、①海上活動の安全の保証がない、②海洋水産資源が十分合理的に利用されていない、③海底鉱物資源の埋蔵量と分布情況についての理解に乏しい、④国防建設と海上作戦に必要な海洋資料を欠いている、などであった。それ故海洋活動に対する指導を強化し、国家海洋局を設置して、海洋の調査・科学技術活動を強化することを建議した。

六四年一月四日、国家科学技術委員会は中共中央および鄧小平総書記に報告し、国家海洋局の設置を建議し、同年七月海軍、中国科学院、中央気象局その他の関係機構を統括して国務院に国家海洋局が設立された。局長は斎勇で、海軍海洋研究所、海洋調査隊、国家科学委員会海洋組弁公室の三つの組織から編成された(19)。翌六五年に青島に北海分局、第一海洋調査船大隊と海洋調査隊、寧波に東海分局、第四海洋調査船大隊と海洋調査隊、広州に南海分局、第七海洋調査船大隊と海洋調査隊が設置され、中国海洋調査専門隊列が初歩的に形成された。さらに海底石油と天然ガスを探査する必要から、六八年地質部第五物理探査大隊は上海市に移転し、調査員を増加して、地質部第一海洋調査大隊と改称した。七一年湛江に第二海洋地質調査大隊が創設され、七三年地質部は上海に海洋地質調査局を設置して、地質部系統の海洋地質調査活動を統一管理した。七五年地質部は上海に第三海洋地質調査大隊と第四海洋地質調査大隊を創設した。

七〇年中央軍事委員会は沈振東を海洋局長に任命した。八〇年九月国務院と中央軍事委員会は、同年一〇月から国家海洋局を海軍の管轄から国家科学委員会に移管することを決定したが、八二年六月には、国務院は国家海洋局は国務院の直属機関であるが、「海洋調査活動は海軍との関係を特に緊密にして、海軍との関係・協力を強化しなければならない」との決定を下している。八二年八月羅鈺如が海洋局長となった。歴代の局長の経歴は不明で、名目的な存在であり、海軍が背後に存在しているように思われる。

3　近代的な海洋調査船の建造[20]

六五年に海洋総合調査船「実践」号（三一六七トン）が建造され、六九年に就航した。比較的先進的な観測儀器・設備を備え、中国の海洋調査船建造技術が新しい水準に達したことを示した。翌六六年は文化大革命が開始された年であったが、同年一月七日国産の総合海洋科学考察船「東方紅」が上海滬東造船所で建造された。またポーランド船を改装した大型遠洋総合調査船「向陽紅5」号（一万三六五〇トン）が完成した（七二年）。さらに双胴石油探査船「勘探1」号、海洋地球物理専業船「科学1」号、万トン級総合海洋調査船「向陽紅10」号（七九年就航）などが建造された。

七〇年代に入ると、中国の海洋調査は新しい発展の段階に入った。中国の海洋事業の発展とともに、国家海洋局と地質部海洋地質調査局は、次々と新しい海洋調査船を設計し、建造した。調査船のトン数は大きくなり、遠洋・総合調査能力は向上し、専門的調査船および海洋探査船が出現した。この時期には、「実験3」号、「向陽紅9」号、「奮闘7」号、「科学1」号、「向陽紅16」号などが建造された。同時に性能と儀器が比較的進んだ「濱海511」号、「南海502」号、「南鋒704」号、「東方紅」号などの石油探査船・水産調査船が建造された。

特に七〇年代末以降、中国の海洋科学と海洋石油工業の迅速な発展は、調査船の発展と向上を促進し、調査船の質の向上、航海性能の改善、調査・研究能力の増強を重点とする段階に入った。例えば地質部海洋地質調査局が建造した地球物理調査船「海洋1」号と「海洋2」号は、地震・重力・磁力探査および海底堆積・海底地形などの実験室を設置し、海洋石油資源・地球物理総合調査の能力を備えている。地質部が建造した双胴の海底石油掘削船「勘探1」号は、大陸棚の石油資源の調査・探査に必要な手段を提供した。

これらの調査船は衛星総合航行システム、コンピューターなどの先進的な技術を採用し、多数の現代化された儀器設備を備えている。なかでも「向陽紅10」号は水文、気象、水声、物理、化学、地質、地球物理、海洋生物などの多学科にわたる総合考察を行なうことができる。横揺れ防止舵があるので、低速で推進でき、極地以外のすべての海域での考察が可能である。船上には衛星制御システム、音響測深儀器、海洋重力儀器、深海潜水艇、ヘリコプター、深水投錨装置、気象ロケットおよび異なる化学の実験儀器設備などが装備されている。高空気象、気象予報、水文、波浪、同位素、生物、地質、重力、光学、水中音響学、化学、コンピューターなどの二四の実験室と分析研究室が設けられている。

海洋地球物理専門の調査船である「科学1」号は、三級のコントロール・センターが設置され、地震、重力、磁力、水深測量、定位などに対して自動制御、資料収集、計算分析ができる。CMA722衛星接収機、435Eドップラー・ソナー、ローランA／C、オメガ遠距離航行制御、水平ソナー、自動操舵機、DES-V型デジタル地震儀、CHHK-2型海洋陽磁力儀器などを装備している。

八四年までに、中国は一六五隻の異なる型と異なる用途の調査船を建造し、総トン数は一五万トン、世界第四位であった。

4　潜水装置の開発、潜水実験

潜水装置の開発、潜水実験も進展した。七一年二月中国海軍で、事故を起こした潜水艦の乗組員を救出する深海潜水救命艇の研究開発が論議された時、上海交通大学水中工学研究所所長の提案で、海中で潜水艦乗組員を潜水救命艇に移乗させる世界で最先端のシステムを研究開発する方針が採用され、八六年中国が研究開発した深海潜水救命艇による実験が南シナ海で実施された。実験は海中での脱出、深海潜水、海中での潜水艦乗組員の潜水救命艇への移乗の三項目の重要課題でいずれも成功した。[21] それより先の八二年一〇月に実施された中国で最初の潜水艦による弾道ミサイルの水中発射実験に参加した二隻の遠洋サルベージ船のうちの一隻に、フランスのSM-358型と考えられる深海潜水救命艇が搭載されていたところから、これがモデルとして研究開発されたと考えられる。[22]

中国の深海潜水技術の開発はある種のフランスの援助・協力によって進められたと推定される。七九年秋当時国務院総理であった華国鋒はフランスを訪問した際、ブレストにあるトムソンCSFの電子センターおよびブルターニュ海洋研究センターを視察し、後者で深海潜水装置の実演、マルチ・ビーム音響測探機その他の海洋研究に関する新器材を参観するとともに、同センター所長と中国とフランスが海洋研究、とりわけ太平洋の研究で協力することを話しあったことが報道されている。(23)

こうして八〇年代の中葉までに、「観察1」号、「観察2」号の二隻の深海潜水機器の母船が完成した。二隻の母船にはそれぞれSM-358型、SM-360型の深海潜水機器が搭載されており、これらは先に述べたフランス製の深海潜水機器をモデルとして開発製作されたと考えられる。なおSM-358型は長さ七メートル、幅二・五メートル、高さ二・八メートル、重量一二・五トン、水中速度三ノット、人間が乗り込んでの深度三〇〇メートルでの水中観察および深度二〇〇メートルの水中飽和潜水作業が可能、SM-360型は長さ一〇メートル、幅二・七メートル、高さ二・九メートル、重量二五トン、水中速度四ノット、人間が乗り込んでの水深三〇〇メートルでの水中観察および水深三〇〇メートルの水中飽和潜水作業が可能である。(24)

その間の七四年一二月海洋地質探査船「勘探1」号が黄海南部海域で石油探査井を掘削し、深海での地質探査での第一歩を印した。(25)七六年から海軍医学研究所で飽和潜水実験が開始され、多くの実験が繰り返された。(26)八〇年一月海上で初めての飽和潜水実験、潜水模擬実験が成功した。(27)八一年五月南シナ海の石油掘削リグで、水深三〇二メートルの飽和潜水模擬科学実験に成功した。これは中国の深海潜水技術が世界の先進水準に達したことを示すものであり、海洋石油開発・深海救命に意義があると評価された。(28)八五年一二月二三日、中国科学院瀋陽自動化研究所と上海交通大学の協力で製作され

た無人深海潜水機器（海洋ロボット）「海人1」号HR-01の水中作業実験が大連海域で実施され、成功した。(29)

八八年八月三日水深三〇〇メートルの飽和潜水科学実験に成功。(30)八六年十二月、無人潜水機器「海人1」号が南シナ海で水深一九九メートルでの潜水に成功した。海洋開発、深海での人命救出、軍事の必要に適応できると評価された。(31)八九年一二月一日、中国海軍の四名の潜水員が水深三五〇メートルの水中から海面に戻り、水深五〇〇メートルの海中居住区で実施された水深三五〇メートルの模擬飽和潜水に成功した。(32)

四　国防発展戦略と海洋開発

「百万人の兵員削減」による中国軍の「量から質への転換」を目標とする「鄧小平の軍事改革」が進展されていたさなかの一九八六年三月から翌八七年四月まで、『解放軍報』紙上で「国防発展戦略思考」というテーマで、削減してどのような「質」の軍事力を構築するか、すなわち二一世紀における中国軍の発展方向を示した論文が九回にわたり掲載された。(32)それらの論文のなかで、「合理的な三次元の戦略辺疆を追求しよう」と「戦略競争はすでに宇宙空間と海洋に伸張している」の二篇の論文は、中国の海洋に対する強い関心を示していて興味がある。(34)これらの論文について、著者はこれまでに何回か紹介したことがあり、(35)ようやく一部の研究者やオピニオン・リーダーに注目されるようになってきている。重要な論文なのでここでもう一度簡単に触れておきたい。

論文では、従来の領土・領海・領空という地理的国境という概念に対して、「国家の軍事力が実際に支配している国家利益と関係ある地理的空間的範囲の限界」をその国家の「生存空間」とする「戦略的辺疆」という新しい概念が提起されている。それによると、「地理的境界（国境）」が「国際的に承認され」、「相対的に安定性と確実性を持っている」のに対して、「戦略的辺疆」は「領土・領海・領空に制約されず、総合的国力の変化に伴って変化し、相対的に不安定性と不確実性を持っている」。換言するならば「戦略的辺疆」は「総合的国力の増減に従って伸縮する」ものであり、国家の「戦略的辺疆」が長期間に「地理的境界」よりも小さく、両者を一致させる力がない時には、「地理的境界」は「戦略的辺疆」まで後退し、領土の一部を失ってしまう。これとは反対に、「地理的境界」から外に出て、「戦略的辺疆」を長期間有効に支配すれば、「地理的境界」を拡大することができる。このように「戦略的辺疆」は「国家と民族の生存空間を決定付ける」重要な要素であると捉えられているが、そこには排他的経済水域、海洋大陸棚はもとより、大気圏外の宇宙空間・大洋の深海底までもが含まれている。

では「戦略的辺疆」を拡大するには何が必要か。軍事力とその後楯としての総合的国力である、と「合理的な三次元の戦略辺疆を追求しよう」は明確に答えている。「総合的国力が強大であってはじめて、戦略的辺疆を地理的境界の外に押し広げる能力を備えることができる。総合的国力の基礎の上に築かれた戦略的辺疆こそ、有効で安定したものである」と。そして中国は「地理的境界を認めることを基礎に、国際法で公認された原則に従って、わが国の宇宙空間、海上、陸地の合法的な戦略的辺疆を確立する」ことを主張する。そのためには「国門の概念」を「伝統的な地理的境界から戦略的辺疆まで外に押し出さなければならない」として、これまで一二カイリの領海をもって「敵を防ぐ国門」と定めていたが、これからは「国家が直面している現実的脅威と潜在的脅威、並びに世界の海洋と宇宙空間の発展に基づいて、国門を海上三〇〇万平方キロメートルの海洋管轄区域（排他的経済水域）の際まで外に拡大し、陸地では地理的境界と一致させ、宇宙空間では高度境界へ進入してこそ、必要な総合的空間を獲得し、国家の安全と発展を保障できる」。

ここで言われている「三〇〇万平方キロメートルの海洋管轄区域」とは、中国大陸周辺の海域、すなわち黄海、東シナ海、南シナ海を指す。そのような主張の根底には、中国大陸周辺の海域は「中国の海」であるという伝統的な「中華世界」の考え方がある。これらの「中国の海」は、阿片戦争を契機として当時中国（清朝）が海軍力を重視しなかったところから、欧米・日本の帝国主義列強により奪われたとして、海軍力によって取り戻すことが現在の中国海軍に課せられた任務であるとする。こうした考え方は鄧小平政権が固まり、同政権の「改革・開放」路線が進展するとともに、中国海軍の関係者の発言や重要文献のなかで公然と主張されるようになり、九二年秋の中共第一四回大会における江沢民主席の政治報告のなかで、「領土・領海・領空の主権」と並んで「海洋権益」の防衛が明確に指摘された。[36]

中国は海上で「戦略的辺疆」の拡大を意図している。最近十数年来の中国の目覚ましい海軍の成長と海洋進出の背後には、こうした「国防発展戦略」に関する論議がある。だが「国防発展戦略」に関する論議には、中国の海洋への発展が中国大陸周辺の海域に止まるものではなく、深海底をも目指していることを示している。先にあげたもう一篇の「戦略競争はすでに宇宙空間と海洋に伸張している」では、次のような立場が展開されている。

「科学技術の発展により、人類は宇宙と深海底という二つの新しい空間環境をえようとしている。今世紀末から来世紀初頭までに、宇宙と深海底を征服する能力が、国際世界における国家の地位と声望を決定する。未来の世界大国は高度に発達した宇宙・海洋技術を有する国家である。とくに世界が海洋経済の時代に入り、海洋は世界の主要な軍事競争の対象となりつつある。海洋工学技術の発展により、深海底、極地の氷層、広大な海域は最早作戦の障害ではなくなっている。とくに広大な深海底は戦略核打撃力が隠蔽できる最も適切な場所となっている」。

中国は二一世紀における発展を広大な宇宙と深海底に求めている。同論文は次のように論じている。「中国は陸地面積は広大ではあるが、人口が多く一人当たりの資源はきわめて少ない『資源小国』である。新しい戦略資源を開発できるかどうかは、わが国が国力・軍事力を強化し、二〇世紀の挑戦に対処できるかどうかにかかっている。そして「新しい戦略資源」は宇宙と海洋に所在する。わが国の国防力はかって（米ソ超大国による――引用者）核兵器の独占を打破したように、宇宙と海洋の独占をも迅速に打破して、新しい領域で国家がさらに大きく発展して行く機会を獲得しなければならない。」

本書の第八章で論じるように、これらの論文が書かれた当時すでに中国の深海底探査・開発は着実に進展しており、その後の五年余りの期間に、二一世紀に入ると多金属団塊の商業採掘が可能との見通しが立つところにまで成長している。また宇宙開発はそれ以上に成長しており、二〇〇〇年前後にスペース・シャトルを打ち上げる計画は実現されると考えられていた。(37)

中国がこの二〇年来周辺の海域に積極的に進出していることにようやく関心が示されるようになったが、中国の指導者たちは、早くから戦略的観点に立って、自国の発展を考えている。当時中国は一人当たり国民総生産では四〇〇ドル程度の貧しい国家であり、社会全体として教育水準が低く、民度も高いとはいえないが、国民総生産、主要工農業製品・鉱物資源の生産量では世界のベスト5、あるいはベスト10に入る経済大国・資源大国である。何故一人当たり国民総生産では四〇〇ドル程度の貧しい国家が、核兵器や長距離ミサイルを開発し、宇宙衛星を打ち上げ、あるいは原子力潜水艦を就航することができた最大の理由は、中国が経済大国・資源大国であり、それらの大きな財源・資源・人材を戦略核兵器など限られた領域に重点的に投入できる政治体制であるところに求められる。

中国の海洋開発あるいは宇宙開発について、その能力をともすると軽視する傾向がある。たしかに欧米先進国に比べると、その速度は遅く、性能も劣るかもしれないが、着実に進展している現実に注目する必要がある。

註

(1)「中華人民共和国代表団団長鄧小平在聯大特別会議上的発言」『人民日報』一九七四年四月一一日。
(2) 小邦宏治『海洋分割時代』(一九七八年、教育社)二一一頁以下を参照。

(3) 第三回海洋法会議における中国代表団の基調演説として、七四年七月二日の柴樹藩団長の演説をあげておく。この問題は著者の研究領域を越えている。専門家による精緻な研究を期待する。

(4) 「凌青副団長在海洋法会議第二委員会会議上発言、支持第三世界国家建立二百浬領海和専属経済区主張」『人民日報』一九七四年八月八日。

(5) 中国の積極的な海洋進出の背景については、稿を改めて精緻な研究を必要とする。造船工業については、とりあえず拙著『中国軍現代化と国防経済』(二〇〇〇年、勁草書房)第五章「世界の造船大国を目指す造船工業」を参照。

(6) 中国においては対外貿易は最高の国家機密であったところから、鄧小平の改革・対外開放が始まる八〇年代中葉まで、相手国はもとより商品構成にいたるまで、その詳細は公表されていない。ここにあげた「三分の二」という数字は、文化大革命の時期に米国議会が行なった研究による。アメリカ議会合同経済委員会編、前田寿夫訳『中国本土の経済的プロフィール』(一九六七年、時事通信社)四四四～四四五頁。

(7) 「一幅宏偉的藍図―記党中央和毛沢東主席関懐創建人民海軍」陳其明『大海的驕傲』七一頁。

(8) 「海洋・海軍・新技術革命―訪海軍司令員劉華清」『瞭望』第三三期、一九八四年八月一三日、「建計一支強大的海軍、発展我国的海洋事業―海軍司令員劉華清撰写的文章摘要」『人民日報』一九八四年一一月二四日。

(9) 拙著『中国の国防とソ連・米国』(一九八五年、勁草書房)第六章「三つの海軍建設路線」を参照。

(10) 「偉大的毛沢東思想照耀〝東風〟輪勝利誕生」『人民日報』一九六八年一月九日。

(11) 厳偉恵「勝利永遠属于毛主席的革命路線―従〝東風〟輪誕生看工業戦線上両条路線的闘争」『人民日報』一九六八年一月九日。

(12) 『当代中国的船舶工業』(一九九二年、北京・当代中国出版社)八三頁。

(13) 造船工業系統革命大批判写作小組「掃除洋奴哲学、大搞造船工業」『人民日報』一九七〇年六月四日。

(14) 前掲『当代中国的船舶工業』八四頁。

(15) 『当代中国的海洋事業』(一九八五年、北京・中国社会科学出版社)三五頁。

(16) 同一六～一七頁、同三六頁、同一七～一八頁、三八～四八頁、五三～五五頁。

(17) 同一二〇～一二六頁。
(18) 同一九～二〇頁による。
(19) この三つの組織は総参謀部の指示、同意によるものとされている。同四七三頁。
(20) 同二一頁、四七五頁、四八一頁、四八三頁。
(21) 陶育衛、郭礼華「深海潜水器専家朱継懋」『瞭望』一九九三年第一五期三二～三三頁。
(22) Gordon Jacobs, China's auxiliary ships, *Jane's Defence Weekly*, 8 March 1986, p. 436.
(23) 「法国第二軍区海軍司令設宴招待華総理、華総理参観布列塔尼海洋研究中心」『人民日報』一九七九年十月二一日。
(24) 林裕杰「浮動的潜海基地―『観察』型深潜器母船」『艦船知識』一九九三年第一一期七頁。『艦船知識』一九九四年八月号表紙三頁に掲載されている何枚かの写真はいずれかの母船および深海潜水機器と推定される。「駕駛深海器探索大洋底」。「飽和潜水」とは、ダイバーの身体にヘリウムなどの不活性ガスが飽和状態になる一日以上の潜水を続ける方法で、これにより深海作業、海底居住などが可能となった。
(25) 張応吾主編『中華人民共和国科学技術大時記』（一九八九年、科学技術文献出版社）二九九頁。
(26) 張慶河「人在深海環境中―我国模擬飽和潜水跨入世界先進水準」『艦船知識』一九八九年六月号五頁。
(27) 前掲『中華人民共和国科学技術大時記』三九〇頁。
(28) 同四二〇頁。
(29) 「我国自行研制的水下機器人試験成功」『艦船知識』一九八六年四月号五頁。前掲『科学大時記』五八三～五八四頁、「中国が海洋ロボ開発」『艦船知識』一九八七年第九期一四頁。
(30) 『人民日報』一九八六年一二月一九日。
(31) 前掲『科学大時記』七三一頁。
(32) 「三五〇米『水下』作業一二昼夜、海軍潜水員創亜洲模擬飽和潜水記録」『解放軍報』一九八九年一月二六日、張慶河「人在深海環境中―我国模擬飽和潜水跨入世界先進水平」『艦船知識』一九八九年六月号四頁、「我国建成模擬最深的飽和潜水実験設備」同四月号表紙三頁。

(33) こうした新しい動向について、著者は中国研究所で一九八七年四月から九月まで一〇回にわたり、「中国の国防発展戦略」というテーマで講義したことがある。中国軍の「質的建設」と「中国の国防発展戦略」の関連性については、拙著『江沢民と中国軍』（一九九九年、勁草書房）第三章「『国防発展戦略』と『ハイテク開発長期計画』」を参照。

(34) 蔡小洪、王蘇波、王東、秦朝英「戦略競争已経伸向外層空間和海洋」『解放軍報』一九八七年一月二日、徐光裕「追求合理的三維戦略辺疆—国防発展戦略思考之九」四月三日。

(35) この論文を著者が最初に紹介した論文は、「海洋に進出する中国海軍—最近の動向と戦略」『東亜』一九八九年一二月号で、拙著『甦る中国海軍』（一九九一年、勁草書房）に収録されている。

(36) 江沢民「加快改革開放和現代化建設歩伐、奪取有中国特色社会主義事業的更大勝利」『人民日報』一九九二年一〇月二一日。

(37) 中国の宇宙開発関係者は一九八〇年代中葉に、二〇〇〇年前後にスペース・シャトルを打ち上げる計画との計画を公言している。「中国が二〇〇〇年にスペース・シャトル打ち上げ、専門家予測」『中国通信』一九八六年四月一一日、「中国のスペースシャトル打ち上げ、そう遠くない」同九月二日。現実に中国は九九年一一月二一日無人宇宙船「神舟1」号、二〇〇一年一月一〇日「神舟2」号の打ち上げに成功し、同年二月開発を担当する中国空間技術研究院は今後五年以内に有人宇宙船を複数開発すると公表した（『中国通信』二〇〇一年二月八日）。

第一部　劉華清と外洋海軍指導体制の形成

中国海軍の海洋進出を指導した劉華清（『解放軍画報』1993年3月号）

海洋科学観測船「遠望」（『艦船知識』1992年11月号）

第二章　蘇振華の死と海軍戦略の転換

鄧小平政権の基礎が確立された一九七八年一二月中共第一一期中央委員会第三回全体会議が開催されてから二ヵ月後の七九年二月七日、文化大革命の時期を除いて、五七年以来海軍政治委員であった蘇振華が死去し、後任に葉飛が就任した。ついで八〇年一月、中国海軍創設以来三〇間海軍司令員の地位にあった蕭勁光が引退し、葉飛が海軍司令員を兼任した。さらに八一年一月李耀文が海軍政治委員に任命され、翌八二年九月に劉華清が海軍司令員に就任した。

劉華清が海軍司令員に就任して以後、中国海軍はそれまでの沿海防衛海軍から外洋海軍へと重要な戦略転換を行なった。それ故振り返ってみる時、葉飛指導体制は劉華清・李耀文指導体制が形成されるまでの過渡的指導体制であったこと、蘇振華の死去および蕭勁光の引退は、中国海軍が毛沢東時代と決別し、沿海海軍から外洋海軍へと転換する重要な契機となったことがわかる。とりわけ蘇振華の死は中国海軍のその後の発展にとってきわめて重要な意味をもっていた。

一　華国鋒と幻の旅順海軍大演習

1　海軍掌握を企図した華国鋒

一九七八年四月、「当時海軍の主要な責任者であった同志」は中共中央軍事委員会の同意をうることとなく、旅順口で数十隻の海軍艦艇が参加する大規模な軍事演習を実施することを決定した。「当時中央の主要な指導者であった同志」はこの演習に参加することに同意していた。楊勇（当時解放軍副総参謀長）と張愛萍（同）がこのことを知り、不安になって当時連雲港の部隊を視察していた羅瑞卿（元総参謀長、文化大革命で失脚）に直ちに報告した。羅瑞卿は「このように大規模な艦艇動員は、たとえ演習でも実際には海上示威行動と同じであり、出発点が正しくない。このようなことが実施されれば、国際的に無用の緊張を引き起こすことになり、影響もよくない」との立場から同意せず、「中央の主要な指導者」に電話で自己の意見を述べようとしたが、「中央の主要な指導者」は電話を拒否した。その後鄧小平の支持により、この不適当な演習は中止された。七九年七月、海軍の重要な会議で鄧小平はこのことに言及した。「海軍は旅順で大規模な演習を実施しようとした。これは悪い考えであり、政治的に誤りであり、出発点において正しくなかった。この点で羅瑞卿同志は適切に処理した。羅瑞卿同志がこの問題で語った意見に、私は同意する」と述べた(1)。

以上述べたことは、ちょうど一〇年後の八八年の建軍節に、当時国防部長であった張愛萍によって初めて明らかにされた。翌八九年、海軍司令員の地位に長くあった蕭勁光は回想録を発表し、そのなかでこの問題について詳細に言及した。それにより、「当時海軍の主要な責任者であった同志」とは政治委員の蘇振華、「当時海軍の主要な責任者であった同志」を支持していた「中央の主要な指導者」とは華国鋒であり、「七九年七月の海軍の重要な会議」とは海軍党委員会常務委員会拡大会議である事実が明らかにされた。(2)

2　蘇振華批判

海軍党委員会常務委員会拡大会議では、鄧小平が「四つの基本原則」を理論的武器に中国軍の「近代化・正規化」を進める中共一一期三中全会路線が、軍内でさまざまな反対・抵抗を受けて円滑に進行していないことが確認されるとともに、三中全会路線路線を後退させて華国鋒がその政治権力の拠り所とした毛沢東の指示・政策はすべて正しいとする「二つのすべて」を実施しようとする幹部を排除し、後継世代を選抜することの緊急性が決定された。(3)

「党の政治路線・思想路線に反対している者が非常に多いことに、われわれは注意しなければならない。彼らは基本的に林彪・四人組のあの思想体系をもっており、中央がいま後退しており、右翼日和見主義だと考えている。彼らは毛沢東同志を擁護するという旗を掲げて、『二つのすべて』を進めたが、実際には林彪・四人組のあのやり口を形を変えているだけである。これらの人々のほとんどは文化大革命のなかで抜擢された者で、既得権益者である。彼らは現在のやり方が彼らにとって利益にならないと感じ、昔を懐かしんでいるのである。働き掛けによって変わってくる者もいるかもしれないが、すべてが変わるわけではない。変わりもしない者が権力を手中に収めた場合、果たして党のいうことを聞くであろうか。」

「現在各種指導者集団はあまりにも高齢化しすぎ、精力に欠けている。軍隊にも同じ問題が存在している。年配の同志の目下の急務は、意識的に若い者を抜擢し、若くて健康な同志を後継者に選ぶことである。この問題はわれわれがいるうちに解決しなければならない。」「年配の同志は意識的に身を退くべきである。大所高所から考え、小さい道理は大きい道理に従うべきであり、自分の身に関わる具体的な問題となると納得しないというのではいけない。[4]」

これは会議から四年後の八三年に出版された『鄧小平文選』で初めて公表された同会議における鄧小平の講話（七月二九日）の一部である。ここでは抽象的にしか論じられていないが、蕭勁光はこの会議で海軍政治委員の蘇振華とその背後にいる華国鋒を批判して、中国海軍の近代化・正規化を断行し、海軍路線の沿海海軍から外洋海軍へと転換させることを意図していた。

「蘇振華同志は華国鋒同志が『二つのすべて』の方針を進め、『鄧小平批判』を堅持することを受け入れ、華国鋒同志に対する新しい個人崇拝を積極的に行なった。」蘇振華は「華国鋒同志が『左』の誤りを犯していることを是正するために鄧小平同志が断固たる闘争を遂行していることに対して不満であった」。蘇振華が「華国鋒と謀って、旅順で演習を行ない、華国鋒同志が観閲する準備を進めた」のはそのためであった。「蘇振華同志はこのような軍事事項を海軍司令員である蕭勁光と事前に協議することもなく、また総参謀部と中共中央軍事委員会に報告することもなかった。」また「華国鋒同志は中共中央軍事委員会主席であるが、このような軍事行動を遂行するには、中共中央軍事委員会の集団討議を経なければならず、具体的な業務部門を通さなければならない」と蕭勁光は批判している。(5)

七九年一月開催された中共中央軍事委員会拡大会議で、蕭勁光は蘇振華を「海軍の同志たちの意見を聞かず、自己の地位と権力を利用して、家長制を実施し、鶴の一声をやり、民主を圧制し、党委員会の上に座り、異なる意見を持つ同志に打撃を加える」と厳しく批判した。王震が厳しい批判を行なったが、しかし蘇振華はこの批判を受け入れず、「自分は中央政治局委員だ」と述べて聞かなかった。

蘇振華は国共内戦時期に鄧小平・劉伯承の第二野戦軍に属し、第五軍政治委員、ついで同野戦軍の西南戦役に参加、西南軍政委員会委員、貴州軍区政治委員などを経て、一九五四年海軍副政治委員となって海軍に転換した。五四年国防委員会委員、五五年階級制度の採用により海軍上将、五六年中共中央委員会候補委員、五七年海軍政治委員に昇進した。文化大革命で批判され失脚したが、七二年復活し、七三年八月の中共一〇回大会で中共中央委員会委員、華国鋒政権下の七七年八月に開催された一一回大会で中央政治局委員に抜擢された。(6)

このような履歴をみてくると、蘇振華は鄧小平と人的つながりのあった軍人であるが、「四人組」および華国鋒によって引き立てられたことがわかる。彼は中央政治局委員として、蕭勁光に代わって海軍を指導することを意図したと推察される。蕭勁光は蘇振華が中国海軍に与えた「左」の影響は深刻なものがあったと述べているが、七九年一月の中共中央軍事委員会拡大会議からまもなくの同年二月七日、蘇振華は心臓病で死去した。彼の突然の死がこれまで論じてきた問題と関係しているのかどうかについてはわからないが、死去した日が七日であるのに対して、それが公表されたのが四日後の一一日であったこと(7)は、何か意味がありそうである。

3　葉飛の海軍司令員就任と海軍戦略の転換

蘇振華が死去し、葉飛がその後任となってから二ヵ月後の七九年四月三日、鄧小平は海軍第一政治委員の葉飛および政治委員杜義徳の報告を聞いた際、「わが海軍は近海作戦でなければならず、防御性でなければならない。海軍建設はすべてこの方針に従わなければならない。防御には当然戦闘能力がなければならない。海軍の装備・規格はこの点から出発しなければならず、必ず役に立つものでなければならない」と指摘した(8)。

それまでの中国海軍の戦略は、「陸軍と配合し、海岸・島嶼に依拠する」、「中国の海岸線に存在する多数の島嶼は不沈母艦である」というものであり、米軍および米軍に支援されて中国本土に上陸してくる国民党軍との戦闘を対象としていたのに対して、七〇年代に入ってから急速に顕著となったソ連海軍のアジアへの進出に対応し、かつ将来における中国の海洋進出を意図する戦略への重要な転換が意図されていた(9)。

七九年二～三月中越戦争が行なわれた時、ソ連海軍太平洋艦隊の艦艇は東シナ海と南シナ海に進出して海上から中国に威圧を加えた。(10) 他方中国は、海軍南海艦隊のミサイル護衛艦と駆潜艇から編成された編隊がトンキン湾を南下し、護衛艦・ミサイル高速艇・魚雷艇・高速砲艇から編成された連合編隊が海南島の西南海域に出動し、各種艦艇から編成された混合編隊が西沙群島海域をパトロールしたが、ソ連海軍は上海沖の海域で行動ないし停泊して、中国海軍東海艦隊の動きを封じた。(11) さらにこの戦争を契機にソ連海軍はベトナムのカムラン湾を基地として獲得し、その艦艇を中国大陸周辺の海域に常時展開するようになった。

同年五月二〇日から六月十九日まで、中国海軍は黄海から東シナ海にいたる海域で、敵国の海軍艦艇編隊を遮断攻撃することを目的とした「七九五」演習を実施した。演習には、潜水艦四隻、駆逐艦三隻、その他の艦艇一九隻、爆撃・偵察機五機、戦闘機八機が参加し、将来の侵略に対処する戦争が近海防御作戦の要求に基づいて遂行された。戦闘出航、偵察、航空兵による潜水艦攻撃誘導などの課題が演練された。参加した海軍航空兵の四機の爆撃・偵察機は航路が長く、海域について未知であり、海域の上空に大量の雲がある状況の下で、敵艦艇の位置を正確に測定し、情報を迅速に伝達し、四隻の潜水艦を誘導して成功裡に攻撃を実施させた。なかでも253号潜水艦の攻撃成績は優秀であり、その他の三隻の潜水艦の攻撃成績も良好であった。この演習は、潜水艦が航空兵の誘導で戦闘能力を一層向上できることを示した。(12)

こうした中国海軍の重要な戦略転換を背景に、同年七月二九日、上記海軍党委員会常務委員会で鄧小平の重要講話が行なわれたのである。ついで会議終了後の八月二日、鄧小平は海軍司令員葉飛と海軍政治委員杜義徳の随行で、105ミサイル駆逐艦で六時間余にわたって黄海を航海し、中国海軍の統率者として「強大な現代化された戦闘能力を持つ海軍を建設せよ」と指示した。これは「新しい時期における中国海軍建設の方針となった[13]」。

海軍党委員会常務委員会から一ヵ月後、中国軍の最高教育機関である軍事学院で教学経験交流会が開催された。この会議で同学院院長蕭克は、次のように論じてそれまで中国軍の軍事戦略の基本をなしてきた「人民戦争戦略」を全面的に批判した。「紅軍が江西にいた時期にとった敵を深く誘い入れる戦法を頑なに守り、機械的に現在に持ち込んで、それでよいであろうか。当時われわれには都市もなく、現代的な工業もなく、敵を深く誘い入れ、両手を開いて招き入れた。われわれは発展した情勢に基づいて、新しい戦法を研究しなければならない[14]。」

「敵を深く誘い入れて包囲殲滅する」戦略は、毛沢東の「人民戦争」戦略の基本であるから、この批判は毛沢東軍事戦略の有効性を根本的に否定したものといえる[15]。蕭克の批判に対応して海軍戦略の重要な転換が実施されたこと、なによりも海軍において軍事戦略の転換、そして指導者批判が遂行されたことは注目に値する。これに続いて、現代海戦の要求に適応し、組織指揮能力を高める目的から、「海軍が各級首長司令部訓練を強化している[16]」こと、南海艦隊に各種艦艇・航空機から編成される混合編隊が編成されていること、などが報道された。

毛沢東死後、華国鋒が中国軍の支持をうるために、空軍に接近して掌握することに成功したが、海軍を掌握できなかったことが分かる。朝鮮戦争で近代化が進んだ空軍がその反作用で、毛沢東の死後も「文化大革命」の影響からなかなか脱却できずに、世界の水準から大きく後れてしまったのに対して、近代化が最も後れた海軍が鄧小平時代に円滑に発展したことは興味深い。そのことを考える上で、「幻の旅順大演習」の意味がある。(17)

二　遠洋科学観測艦の建造と外洋海軍の誕生

一九七〇年四月二四日、中国は人工衛星「東方紅」を打ち上げた。これにより中国は射程二〇〇〇〜三〇〇〇キロメートルの中距離弾道ミサイル（IRBM）を保有していること、米国に届かないが、中国大陸周辺の米国の同盟国およびそこに配備されている米軍基地を人質にとることによって、米国の対中核攻撃・核威嚇を抑制することが可能となった。そこで次の目標として、米国に届く大陸間弾道ミサイル（ICBM）の開発が具体的な日程に上ってきた。(18)

これまでの弾道ミサイル実験は、中国大陸内部で可能であったが、一万キロメートル以上飛翔する大陸間弾道ミサイルの発射実験を中国大陸内部で実施することは不可能である。実際に中国の大陸間弾道ミサイルの発射実験は、八〇年五月一八日、中国大陸の甘粛省酒泉のロケット発射場から、南太平洋のフィジー沖合の海域に向けて実施された（本書三四〜三五頁の地図1を参照）。そこで、弾道ミサイルの航跡を追跡し、弾頭部分の実験機器を搭載したカプセルを回収する科学観測船が必要となる。観測船を支援する船舶、さらにそれらの船舶を護衛する軍艦が必要となる。

六五年国防科学技術工業委員会は中共中央の決定に基づき、国務院第二・第四・第六・第七機械工業部（いずれも国防工業関連部門）、中国科学院および海軍などの部門を組織して論証を実施し、六七年七月一八日、米国、ソ連、フランスに続いて、宇宙開発遠洋科学観測艦を開発・建造する計画（「七一八プロジェクト」）に着手した。当初の計画は総合性の遠洋科学観測艦一隻の研究・建造であったが、測量技術方案およびその他の領域の研究・論証が進むとともに、一隻の遠洋科学観測艦だけでは任務を達成することはできないこと、数隻の補助艦艇を建造する必要があることが認識された(19)。

七〇年一二月二五日、周恩来首相は中央専門委員会を主宰し、遠洋科学観測艦隊の規模を初歩的に決定し、先ず遠洋科学観測艦（二万一〇〇〇トン）の全体設計の初歩的方案を批准した。以後国家経済情勢および負担する実験任務・測量方案の変化に従って、工程の規模は調整され、七八年までに国務院・中央軍事委員会および中央専門委員会の数次にわたる審議を経て、五つの型、合計一二隻（「遠望1」号、「遠望2」号の遠洋科学観測船二隻、「向陽紅5」号、「向陽紅10」号の遠洋調査船二隻「向陽紅5」「向陽紅10」の遠洋トロール船四隻、サルベージ船二隻、洋上補給船二隻、四機のヘリコプター）から編成される船団の建造が決定された。

これらの船舶は、全国二四の省・中央直轄市・民族自治区および国務院の三五の部・委員会が参加し、一一八〇余の単位の科学技術者、労働者、幹部および中国軍の指揮員・戦闘員を組織し、六七年から七九年まで一三年の年月をかけて建造された。「遠望」号と命名された遠洋科学観測船を中心とする一二隻の遠洋科学観測船団は、同じ時期に研究・開発され建造された六隻の「旅大」級ミサイル

海洋活動関連地図

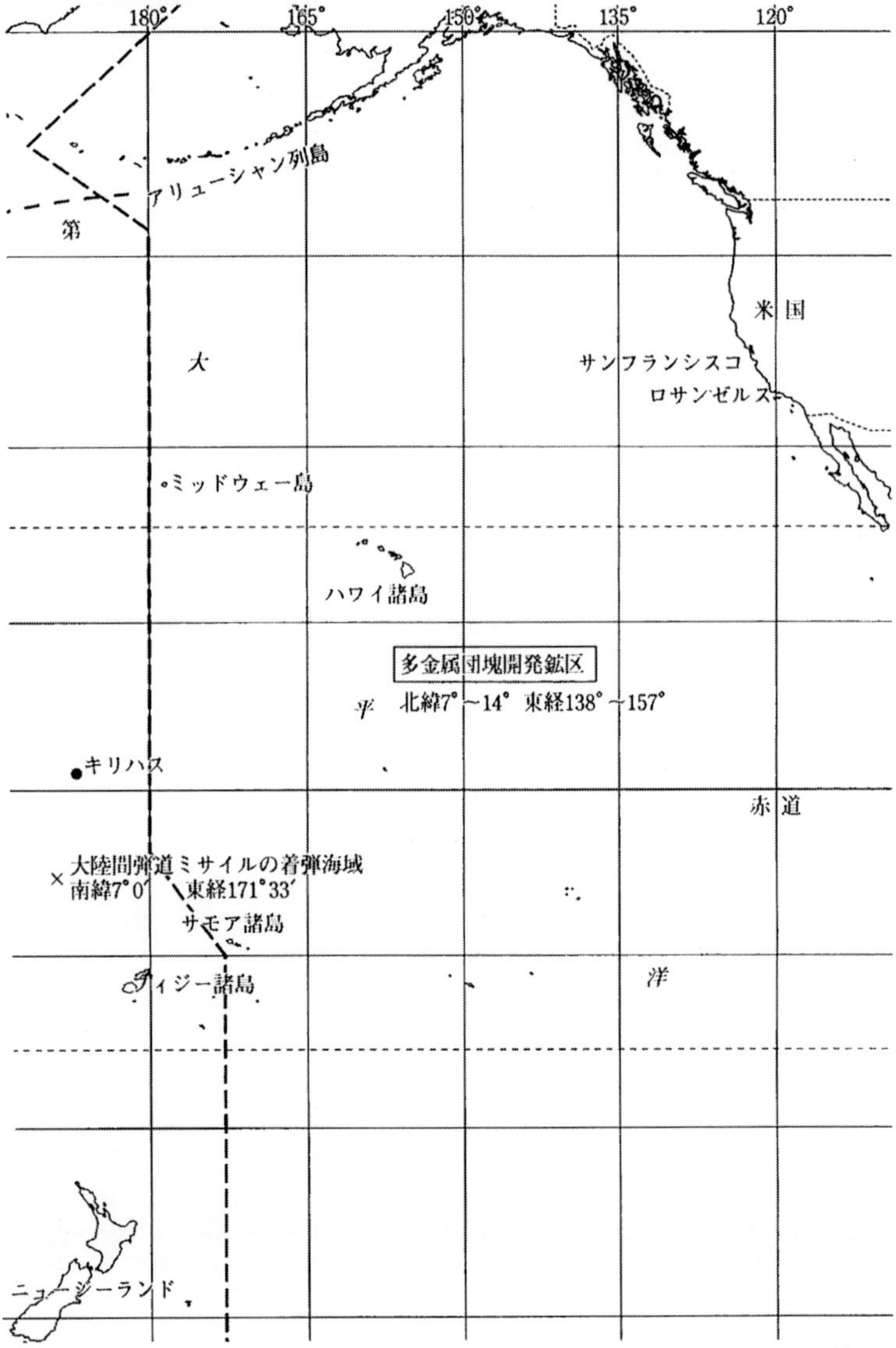
180°
165°
150°
135°
120°
アリューシャン列島
第
米国
太
サンフランシスコ
ロサンゼルス
ミッドウェー島
ハワイ諸島
多金属団塊開発鉱区
平
北緯7°～14° 東経138°～157°
キリバス
赤道
× 大陸間弾道ミサイルの着弾海域
南緯7°0′ 東経171°33′
サモア諸島
フィジー諸島
洋
ニュージーランド

地図１　中国の

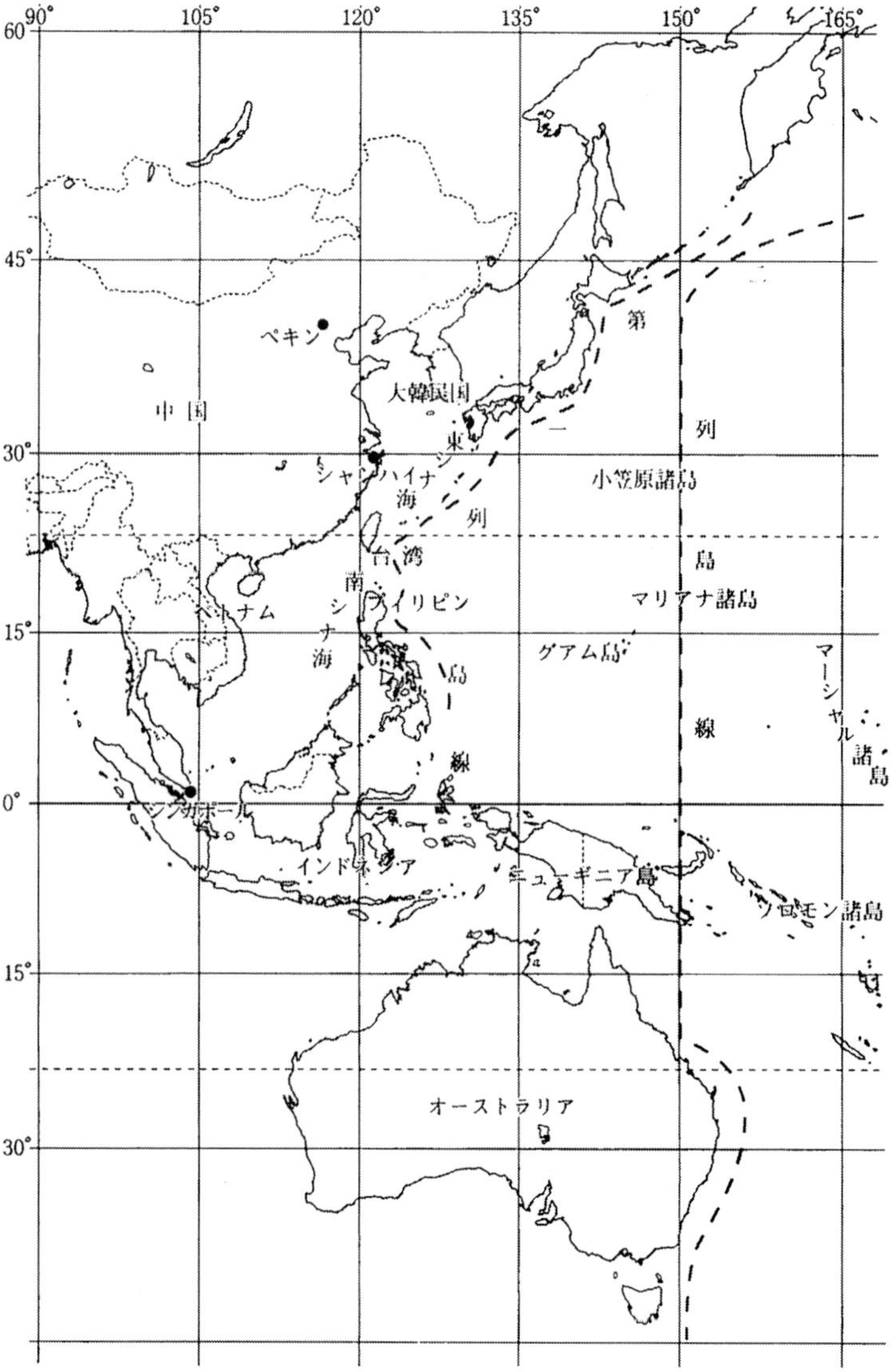
90°
105°
120°
135°
150°
165°
60°
45°
30°
15°
0°
15°
30°
ペキン
中国
大韓民国
東シナ海
シャンハイ
台湾
南シナ海
フィリピン
ベトナム
シンガポール
インドネシア
ニューギニア島
オーストラリア
第一列島線
第二列島線
小笠原諸島
マリアナ諸島
グアム島
マーシャル諸島
ソロモン諸島

駆逐艦に護衛されて、一八隻からなる海上混成編隊として、八〇年五月舟山基地を出航し、赤道をこえて、東経一二八度・南緯七度の公海海域に中国で最初の海上ミサイル試射場と弾道ミサイル追跡観測場を開設した。そして五月一八日、弾道ミサイルの大気圏再突入および落下点での観測および弾頭部分カプセルの回収任務を終えて六月一日・二日帰国した。[20]

大陸間弾道ミサイルの発射実験は、中国の戦略核兵器の発展にとって重要な出来事であったが、中国海軍の発展から見ても、それまでの沿岸海軍から外洋海軍への発展を画する出来事であった。何よりも外洋進出を目指す中国海軍の威容が初めて明らかにされ、世界は注目した。その後二隻の「遠望」号は、翌八一年一〇月の一基のロケットによる三個の人工衛星の打ち上げ観測、八二年一〇月の在来型潜水艦による弾道ミサイル（SLBM）の水中発射実験、八四年五月の静止衛星打ち上げ、八四年一〇月の原子力潜水艦による弾道ミサイル（SLBM）の水中発射実験などの実験を観測する任務を担当した。九五年三月「遠望3」号が建造され、[21]さらに九九年七月には「向陽紅10」号を遠洋科学観測船に改造した「遠望4」号が加わり、[22]中国の遠洋科学観測船による観測体制は四隻となり、九九年一一月に中国が初めて打ち上げた無人宇宙船「神舟」号の観測には、これら四隻の観測船が太平洋、大西洋、インド洋に展開して観測した。[23]また海洋調査船は南シナ海、ついで東シナ海で海洋調査活動に従事するようになった。

註

(1) 張愛萍「烈士暮年、壮心不已」『人民日報』一九八八年八月三日。

(2)『蕭勁光回憶録（続集）』（一九八九年、北京・解放軍出版社）三五九〜三六五頁。
(3)「海軍党委常委拡大会議決定普遍深入開展真理標準学習討論，解放思想，振作精神，把海軍建設搞上去」『解放軍報』一九七九年八月一八日。この会議およびここで論じられている問題の意味については、拙著『中国の国防と現代化』（一九八四年、勁草書房）第五章「〝四つの基本原則〟と〝興無滅資〟」を参照。
(4)鄧小平「思想路線・政治路線的実現要靠組織路線来保証」『鄧小平文選』（一九八八年、北京・人民出版社）一七五〜一七八頁。
(5)前掲『蕭勁光回憶録（続集）』に同じ。
(6)以上の履歴は主として『現代中国人名辞典　一九八二年版』（一九八二年、霞山会）四九七頁による。
(7)「久経考験的無産階級忠誠革命戦士蘇振華同志逝世」『人民日報』一九七九年二月一二日。
(8)『当代中国海軍』（一九八七年、中国社会科学出版社）七〇八〜七〇九頁。
(9)前掲『蕭勁光回憶録（続集）』三三二頁、および拙著『甦る中国海軍』（一九九一年、勁草書房）二〇〜二四頁、五六〜六五頁。
(10)前掲拙著『甦る中国海軍』一四四〜一四六頁。
(11)「踏平南海千重浪――記守南海的艦艇部隊配合自衛環撃保衛海彊的英雄事迹」『人民日報』一九七九年三月二八日。
(12)前掲『当代中国海軍』四七三〜四七四頁、七〇九頁。
(13)「鄧小平副主席視察海軍部隊」『解放軍報』一九七九年九月八日、「金戈鉄甘費運籌――鄧小平等軍委同志関心軍隊現代化紀事」『人民日報』一九八四年八月一一日。
(14)「蕭克同志在軍事学院教学経験交流会上強調指出，解放思想是提高院校教学質量的関鍵」『解放軍報』一九七九年九月一〇日、「蕭克同志在軍事学院教学経験交流会上強調，培養幹部必須解放思想勇于創新」『人民日報』一九七九年九月一〇日。
(15)前掲拙著『中国の国防と現代化』第一章「三中全会と毛沢東軍事思想批判」を参照。
(16)「海軍加強各級首長司令部訓練」『解放軍報』一九七九年九月一八日、「提高現代海戦本領的一種好形式，南海艦隊組織混合編隊加強合成訓練」同一一月八日。

(17) 拙稿「近代化を目指す中国空軍指導体制の形成」『問題と研究』一九九三年三月号と六月号を参照。

(18) 中国の戦略核ミサイル開発については、拙著『中国の核戦力』（一九九六年、勁草書房）第一章「中国の核戦力と核戦略」を参照されたい。

(19) 「〝遠望〟号啓航中南海―中央三代領導集体関懐遠洋航天測量記事」『解放軍報』一九九五年九月二六日。プロジェクトの責任者は当時国防科学技術委員会主任で、八二年に海軍司令員として八〇年代における中国の海洋進出を指導した劉華清である。「遠航太平洋」『科技日報』一九九五年六月二四日。

(20) 『当代中国的船舶工業』（一九九二年、北京・当代中国出版社）二〇一～二〇五頁。混成編隊の指揮員兼政治委員は海軍副司令員の劉道生、副司令員以下すべて海軍の指導者であった。なお、著者はこれらの船隊が出航するちょうど一年前の七九年六月に、上海の呉淞口で、「遠望」をはじめとするこれらの船隊の一部を見る機会を得た。

「遠望」という名称は、当時国防部長であった葉剣英が六五年に創作した七言律詩「遠望」に因んで付けられ、毛沢東自筆の「遠望」という文字が観測船の船首の両側に嵌め込まれている。なおこの詩は「北極熊」（ソ連）が修正主義に変質したことを皮肉って創作したもので、翌六六年元旦毛沢東が自ら筆をとって彼の息子の毛岸青に送った。毛岸青が写真版に作って一通の手紙とともに葉剣英に送った。毛沢東死後の七七年一月一〇日付け『人民日報』はそのことを記した葉剣英の説明を付して掲載された。

(21) 「〝遠望〟家族又添新姉妹、第三隻航天遠洋測量船交付使用、標志我国海上航天遠洋測控能力又有新的提高」『解放軍報』一九九五年三月二九日。

(22) 「我国航天遠洋測量船隊形成新陣容、〝遠望4〟号交船」『中国船舶報』一九九九年七月二三日。「厰所結合的典型―一四四天完成〝遠望4〟号改建工程的奇跡是怎様誕生的」同年八月一三日。

(23) 「首次遠征三大洋凱旋、我航天遠洋測量船隊」二〇〇〇年一月四日。なお中国は九七年一〇月、南太平洋のキリバス共和国のタラワ島に、衛星を追尾・監視する宇宙観測所を建設した。「我在国外建成第一個航天測控站、基里巴 総統参加剪彩儀式」『人民日報』一九九七年一〇月八日。拙稿「深海、宇宙に広がる中国の遠謀、太平洋に初の地上観測施設」（正論）『産経新聞』一九九七年一二月二三日。本書三四～三五頁の地図1を参照。

第三章　劉華清と中国軍近代化の軌跡

一　劉華清の海軍司令員抜擢

中国が大陸間弾道ミサイルの発射実験を実施した直前の一九八〇年一月、劉華清は中国軍副総参謀長の地位に就いた。これは同実験と関連した重要な人事であったと考えられる。そして同年九月の中共第一二回大会で彼は中央委員会委員に選出され、ついで翌一〇月海軍司令員に抜擢された。

1　海軍の艦艇・技術部門を担当

劉華清は一九一六年湖北省生まれ。(1) 二九年中国共産主義青年団に参加、三一年中国労農紅軍に参加、三五年中共入党。長征に参加している。国共内戦期に劉伯承・鄧小平の第二野戦軍に所属した。参軍以来政治部門に従事しており、建国当時第二野戦軍第三兵団第一〇軍政治部主任であった。建国後西南軍区軍政大学政治部主任、五一年第二野戦軍第一〇軍副政治委員となったが、同野戦軍第一〇軍

（軍長は曽紹山）第三一師団が海軍に改編された時、馬忠全、馬冠三ら師団級幹部に従って海軍に転換した。

五一年大連にある第一海軍学校の副校長兼副政治委員。五五年九月中国軍に初めて階級制度が導入され少将となる。五六年八月、方強、劉道生、張学思らとともにソ連のウォロシーロフ海軍大学に入学、ソ連の現代海戦理論およびソ連海軍の実情を学習した。後年彼は海軍司令員として沿海海軍から外洋海軍への転換期の中国海軍を指導することになるが、その際彼が学んだソ連の海軍戦略が重要な役割を果たすことになる。五八年八月同学院を卒業、帰国後海軍旅大基地副司令員、北海艦隊副司令員兼旅大基地政治委員（司令員は曽紹山、馬忠全）。

六二〜六五年国防部第七研究院（艦艇研究院）院長、国務院第六機械工業部（海軍関係部門を管轄）副部長として原子力潜水艦の研究・開発に参画した。(2) 文化大革命中、国防科学技術委員会第一副主任となり、聶栄臻同委員会委員長の重要な助手として活動。七〇〜七五年海軍副参謀長。七五年中国科学院の活動に参加、鄧小平の科学技術部門の整頓に従事。同年一一月中国科学院責任者。科学技術部門の整頓は鄧小平の命により胡耀邦が中心となって行なった。劉華清と胡耀邦の関係は建国前後の西南地区での活動を通して親密であり、科学技術部門の整頓では緊密に連絡し合ったとされている。(3)なお胡耀邦の女婿は劉華清の秘書という情報がある。(4)

六〇年代前半の原子力潜水艦の建造計画への参画と六〇年代後半の国防科学技術委員会での活動、そして七〇年代後半の科学技術部門の整頓への参加などは、江沢民時代に劉華清が軍事力の近代化の中心的指導者として活動するための重要な基盤作りとなった。八〇年五月の大陸間弾道ミサイルの発射実験に参加した一八隻の艦艇、および劉華清が海軍司令員の期間に以下に記すように中国海軍は近代化された艦艇を配備され、沿海海軍から外洋海軍へと成長したが、それらは何らかの形で劉華清が関与していたと推定される。「旅大級」ミサイル駆逐艦（三七五〇トン）、「江湖級」（二〇〇〇トン）ミサイル護衛艦が、北海・東海・南海の三つの艦隊を編成する主力艦艇となった。「旅大級」を改造したヘリコプター搭載「旅大級」ミサイル駆逐艦（三七五〇トン）、新型の旅滬級ミサイル駆逐艦（四五〇〇トン）、「江威級」（二〇〇〇トン）ミサイル護衛艦が建造された。

蕭勁光から葉飛へと中国海軍司令員が交替して行く時点で、劉華清の地位は海軍副総参謀長にすぎなかった。当時海軍第一副司令員は劉道生、副司令員として孔照年、楊国宇、梅嘉生、方強、傅継澤、鄧兆祥、周希漢、曽克林、高振家ら、中国海軍を建設してきた多くの軍人がいた(5)。これらの軍人を飛び越えて劉華清が海軍司令員に抜擢された背景には鄧小平の存在があったが、上述した海軍指導者としての経歴・能力を鄧小平が見抜いていたところにあると考えられる。劉華清の海軍司令員就任は、中国海軍がそれまでの沿岸海軍から外洋海軍へと大きくその性格と任務を転換して行く時期に当たった。中国海軍の初代司令員蕭勁光、第二代司令員葉飛は、海軍の最高指揮員としての専門的知識を欠いていた。第三代の劉華清にいたって中国海軍は海軍が育てた軍人によって指揮されることになった。

2　中国の外洋進出を指導

劉華清は海軍司令員就任後、『瞭望』記者とのインタビューおよび『人民日報』『紅旗』に寄稿した論文のなかで、日増しに高まる海洋資源の重要性と海洋開発の緊急性に注意を喚起させるとともに、中国大陸周辺海域の鉱物資源・水産資源を守るための強大な現代化された海軍の迅速な建設を主張した(6)。

「わが国は六千余の島嶼と数百万平方キロメートルの海洋国土を持っており、資源はきわめて豊富である。海洋資源の開発利用はすでに新しい段階に入っており、海洋はしだいに戦略的意義を持つ開発領域となりつつある。多くの国家は海洋開発を世界の新しい技術革命の基本的内容および重要な標識の一つとみている。」「海洋事業は国民経済の重要な構成部分であり、海洋事業の発展には強大な海軍による保護がなければならない。強大な海軍の建設はまた海洋事業を含む国民経済の発展に寄与する(7)。」そして彼は中国海軍のミサイル化・電子化・自動化が進展しており、現代化された海軍を運用するための人材を迅速に育成することの重要性を説いた(8)。

劉華清の海軍司令員就任とともに中国海軍は外洋海軍へと急速に発展している。八八年に中国海軍が発表したところによると、「中国海軍は七九年以前の時期には沿岸で訓練することが多く、中国大陸を離れて訓練することは少なかった。ところが鄧小平政権の誕生後そのような状態は一変し、七九年から八七年までの八年間に海軍が組織した各種遠洋航海は七九年以前の二九年間の三一倍に達した。航海距離も数千カイリから長いものは一万カイリ以上に達するものもあり、中国のすべての海域、それらを取り巻く海峡、水道に中国海軍艦艇の航跡が残されているばかりか、インド洋からさらに南極にまで及んでいる」[9]。それとともに中国海軍の幹部も育成され、「第一級艦艇の航行率は七九年の時期の六パーセントから五六パーセントに上昇し」、「遠洋航海を経験した高級幹部は総数の八〇パーセントに達」し、「大規模な遠洋航海訓練を実施する人的基盤が形成された」[10]。

こうした海軍力の成長を背景にして、八〇年四月～六月の南太平洋での大陸間弾道弾発射実験に大型の海軍艦艇部隊が参加して以後における中国海軍艦艇部隊の主要な外洋進出は次のようであった。①駆逐艦、給油艦、トロール艦から編成される編隊が、八一年南シナ海で一ヵ月余にわたって海上訓練を実施した[11]。②海軍副参謀長張序三の指揮で、南海艦隊のX950油水補給艦とY832輸送艦の二隻で編成された実習編隊が、八三年五月から六月まで、西沙群島を経て南シナ海における中国の最南端祖母暗沙まで航海した[12]。③旅順基地参謀長趙国臣および何純連（帰国後南海艦隊副参謀長）がそれぞれJ-121サルベージ船の指揮員・副指揮員として、八四年一一月から翌八五年まで、一四六日間南極考察隊に参加し、長城ステーションを建設した[13]。④東海艦隊司令員聶奎聚の指揮で、同艦隊のミサイル駆逐艦と油水補給艦の二隻で編成された海軍編隊が、八五年一一月から翌八六年一月まで、パキスタン、スリランカ、バングラデシュの三ヵ国を友好訪問した[14]。⑤北海艦隊が八六年五月、東シナ海から日本の硫黄島付近にいたる西太平洋の広大な海域で、水上艦艇（旅大級ミサイル駆逐艦を含む戦闘艦三隻、補給艦など合計六隻）、潜水艦、航空機（H-6爆撃機数機）が参加して水上、水面下、空中の戦術対抗性立体作戦訓練を実施した[15]。⑥東海艦隊が八七年五月、西太平洋の広大な海域で、水上艦艇、潜水艦、航空機が参加して水上、水面下、空中の戦術対抗性立体作戦訓練を実施した。[16] ⑦八七年六月、南海艦隊陸戦隊が西沙群島で、上陸作戦および対上陸作戦訓練を実施した。[17] ⑧八七年五月から六月まで、南沙群島最南端の祖母暗沙から北は北子島および東西両境界線までの海域で、海上演練・海上補給および戦術科目の訓練を実施した（実施部隊は不明）。[18] ⑨東海艦隊の合成艦隊が王継英副司令員の指揮で、八七年一〇月から一二月まで、西太平洋および南シナ海で大規模な演習を実施した。[19]

こうした積極的な外洋進出を踏まえて、八八年早々中国海軍は艦隊を派遣し、その護衛するなかを海軍陸戦隊が六ヵ所のサンゴ礁に上陸して、中華人民共和国の領土標識を設置し、同年八月までに永暑礁に人工島を完成し、海洋観測所・海軍警備所を建設した。[20] 八八年一一月に中国海軍が明らかにしたところでは、同年一月から一〇月までの間に中国海軍の数百隻の各種艦艇が南沙群島海域に出動し、それぞれの任務を遂行した。[21] ついで九一年までに他の五ヵ所に永久軍事施設を建設して、南沙諸島の実効支配を固めた。さらにフィリピンのパラワン島西方海域に進出し、九五年早々にはミスチーフ礁に漁民の避難所と称する建造物を建設して、南シナ海の実効支配を拡大した。[22]

なお八五年一一月劉華清はフランスと米国を訪問した。フランスでは、国防相、海軍総参謀長らと会見し、海軍基地、艦隊その他の海軍施設を視察し、フランスのミサイル搭載原子力潜水艦を視察した。米国ではワシントンで統合参謀本部議長、アミテージ国防次官補（安全保障担当）らと会見し、ニューオーリンズ、キーウェスト、オーランド、サンディエゴ、ホノルルにある海軍基地、国防施設などを視察した。[23]

二　江沢民の後見人

1　中央軍事委員会副主席就任

一九八九年一一月劉華清は中央軍事委員会副主席に就任した。それより先の八五年九月に劉華清は中央委員を辞任して、中央顧問委員会委員に選出され、中国共産党からは引退していた。ところが八七年一一月中央顧問委員会委員のまま中央軍事委員会委員兼副秘書長に任命され、八八年一月海軍司令員を解かれた。(24) 中央軍事委員会は中国における軍事事項の最高意思決定機関であり、その日常的な業務を担当する秘書長の補佐役という重要な地位に、中国共産党に復帰することなく、中央顧問委員会委員のまま抜擢された背景には、鄧小平の代行者として軍事改革を推進する過程で中心的役割を果たしてきた楊尚昆中央軍事委員会常務副主席兼秘書長が、次第に「政治的野心」を抱き、実弟の楊白冰とともに軍隊を掌握しようとする政治的動きがあった。

はっきりしたことは分からないが、八七年一月の胡耀邦の総書記解任の背景には、八五年に鄧小平が断行した「百万人兵員削減」に対する軍内の反発があり、それを利用して楊尚昆が胡耀邦を排斥する政治的動きがあったと著者はみている。この頃から「楊家将」すなわち楊尚昆・楊白冰兄弟による軍隊支配という情報が流れ始めていた。ついで八九年六月の「天安門事件」における趙紫陽総書記兼中央軍事委員会第一副主席の追い落としに際しても積極的な役割を果たし、同年一一月趙紫陽に代わって中央軍事委員会第一副主席に昇進したばかりか、実弟の楊白冰を中央軍事委員会秘書長に抜擢した。「楊家将」は現実となりつつあった。[25]

天安門事件後の八九年一一月、鄧小平は自ら中央軍事委員会主席を引退して、江沢民をその後継者に任命した。劉華清の中央軍事委員会副主席抜擢（副秘書長は離任）は、軍隊とほとんど関係を持たない江沢民の後見人としての役割に対する期待からであったが、他方で楊尚昆・楊白冰兄弟による軍隊支配を封じるという重要な政治的意図があった。[26] 以後劉華清は中央軍事委員会副主席として、中国軍を指導することになった。

2 中国軍の「質的建設」[27]

九一年九月一〇日北京郊外の燕山で北京軍区による軍事演習が実施され、八五年の「百万人の兵員削減」による中国軍の全面的な再編成以後における軍事力建設（軍事改革）の方向と成果が示されるとともに、江沢民の軍隊に対する統帥権が誇示された。江沢民が観閲し、「新しい時期の軍隊建設に関する鄧小平同志の一連の原則を貫徹する」ことを指示する訓辞を行なうとともに、「政治的に合格、軍事的に筋金入り、優良な作風、厳格な規律、強力な後方支援」を要求した。これは後に「五句話の総要求」として、江沢民自身の軍事政策を示す言葉となった。[28]

同年一一月、軍事科学院と中国軍事科学学会の共催で「鄧小平の新時期における国防建設・軍隊建設理論に関する研究討論会」が開催され、劉華清副主席が「鄧小平の新時期における国防建設・軍隊建設理論はわが軍の各活動の指針である」として、その学習を通して「軍隊の質的建設を強化」し、「体制を改革する」ことを指示した。[29]続いて一二月に開催された全軍訓練・管理活動会議で、遅浩田総参謀長は「鄧小平同志の新しい時期の軍隊建設に関する原則を堅持し、質的建設の方針に基づいて、江沢民が提出した「五句話の総要求」の実現に努力することは今後における軍事活動の重点である」と指摘した。[30]

こうした動きを経て九二年元旦付け『解放軍報』は、「質的建設を強化して、中国の特色を持つ精兵の道を歩もう」と題する社説[31]を掲げたのに続いて、同年一月三日付け『解放軍報』は、「質：軍隊の生命―軍隊の質的建設強化を論ず」という大きな論文を掲載した。[32]この論文を契機として、同年前半期に「軍隊の質的建設」に関する多数の論説・記事が書かれ、内容が深められた。そこで論じられた「軍隊の質的建設」とはどのようなものか。それは「ハイテク・ニューテク技術の条件下で有限の目的を迅速に達成することのできる局地戦争・武装衝突を戦う」ことのできる軍事力である。

こうして天安門事件で中断した軍事改革を「深化・発展」させて、「軍事力の質的向上」をはかるとともに、劉華清同委員会副主席を中心とし、遅浩田総参謀長が補佐役として陣頭指揮をとりつつ、「鄧小平の新時期軍隊建設指導思想」の学習を理論的拠り所に、江沢民主席の「五句話」の学習を展開しつつ進展し、その過程で楊兄弟の政治的影響力を排斥しつつ、江沢民軍事指導体制が形成されて行った。

3 中共中央政治局常務委員に抜擢(33)

九二年一〇月の中共一四回大会で、重要な中国軍の最高人事があった。楊尚昆が政治局員と中央軍事委員会第一副主席を離任し、劉華清が中央軍事委員会副主席の地位を保持すると同時に中共中央政治局常務委員に抜擢された。楊尚昆が政治局員と中央軍事委員会第一副主席を離任したものの、楊白冰が中央政治局員に選出され（中央軍事委員会秘書長と中共中央書記処書記は離任）、引き続き楊兄弟の政治的野心を封じる政治的目的があった。楊兄弟の排斥は改革派と保守派の権力闘争というよりは、改革派内の権力闘争であり、楊兄弟の権力への「野心」に改革派と保守派の権力闘争が絡んだ闘争である。軍人が中共中央政治局常務委員に選出されることは、文化大革命前後の時期に見られた例外的な人事であり、劉華清の抜擢は江沢民軍事指導体制が引き続き非常事態に直面していることを示唆していた。新しい江沢民軍事指導体制は、中央軍事委員会副主席に抜擢された劉華清と張震の二人を中核として、国防部長遅浩田、総参謀長張万年、総政治部主任于永波、総後勤部長傅全有の四人の中央軍事委員会委員から構成された。

九二年から九三年を通じて、「鄧小平の新時期における国防建設・軍隊建設理論」の学習が実施され、そうしたなかで九三年三月の第八期全国人民代表大会第一回会議で、江沢民主席は自ら「鄧小平の新時期における軍隊建設思想を学習して、中国の特色のある精兵の道を歩んで、部隊の戦闘力を高めよう」と発言した(34)。九三年八月一日の建軍節には、このテーマに関する鄧小平の文章や発言を集めた「鄧小平同志の新時期軍隊建設に関する論文選」が編纂され出版された(35)。『解放軍報』は「鄧小平の新時期軍隊建設思想を真剣に学習し実践しよう」、「新時期における軍隊建設の総目標の実現に向かって奮闘しよう」と題する社説を続いて掲げた[36]。

九三年八月一日の建軍節に、劉華清は建軍節の中共党機関誌『求是』に、「中国の特色を持つ近代的軍隊建設の道を揺るぎなく前進しよう」という論文を書き、江沢民軍事指導体制の軍事戦略を概観した[37]。この論文で劉華清は、鄧小平が進めてきた軍事改革を総括するとともに、九一年の湾岸戦争における米国のハイテク兵器が引き起こした軍事革命を踏まえて、冷戦後の中国の軍事戦略を論述している。

論文は中国軍の使命が領土・領空・領海を防衛し、海洋権益の侵犯を防ぎ、祖国統一を擁護し、国家の安全を守ることにあるとする。それ故軍隊の現代化建設は本土ならびに近海防御の必要性に着目し、現代の条件の下での防衛作戦能力を向上させるとしている。そして中国が直面する主要な脅威は局地戦争であると規定する。次に論文は海空軍力の優先的な発展の必要性を指摘する。「海洋と中華民族の生存と発展は密接な関係がある。わが国の海洋権益を保持・防衛するためには、強大な海軍を建設しなければならない。現代の条件の下では、海上・陸上を問わず空軍の支援なくして作戦はなりたたない。したがってわれわれは海空軍の現代化建設を優先しなければならない。」こうした観点に立って、装備に関して「兵器・装備の現代化は軍隊の現代化の重要な指標であり、物質的基礎である」と述べ、そのために自力更生を主張するが、「自力更生を主とする方針を堅持しつつ、選択的かつ重点的に外国の先進的な技術を導入することが、わが軍の兵器・装備の現代化建設における一つの基本方針である」と述べた。

4　軍事訓練改革と海軍軍事演習

九三年から九五年にかけて、中国軍は三年の軍事訓練改革を行なった(38)。これは当時総参謀長であった張万年の指導で実施されたが、劉華清も最高責任者として各部隊の現場を視察している。訓練改革の中心は済南軍区で、ここでは中国軍が力を入れている夜間作戦の訓練、演習が実施された。九四年六月劉華清は張万年の随行で陸軍と空軍が共同で実施した夜間演習を観閲した(39)。

九三年四月張連忠海軍司令員の随行で舟山群島を視察し、「東シナ海の軍民が改革・開放で力を尽くして社会主義市場経済を振興すると同時に、警戒を高め、軍備を整え、海洋意識を強化し、海洋国土を防衛する」ことを指示した(40)。三年の軍事訓練改革においては、台湾正面海域では東海艦隊を中心とする大規模な軍事演習が頻繁に実施された。この視察はそれと関連していたことを示唆している。九四年二月には固輝南京軍区司令員、福建省軍区政治委員の随行で、厦門特区駐屯部隊を視察し、とくに鼓浪嶼に渡り絶海の孤島を防衛している中隊を慰問し激励した(41)。

九四年一月には徐恵滋副総参謀長、陶伯欽広州軍区副司令員ほか一三人の軍人の随行で、タイ、シンガポール、インドネシアを訪問した。劉華清副主席は両国で、「中国には平和な環境が必要であり、国防強化は完全に自衛が目的である。他国への侵略や内政干渉はありえない。中国は覇権を求めない」ことを繰り返し、「中国脅威論」の解消に努めた。また「紛争は外交手段と指導者同士の協議で解決すべきである」と強調して、この地域の不安定要因である南シナ海・南沙諸島の領有権問題で柔軟な立場を改めて訴えた。[42] それにもかかわらず中国は翌九五年早々フィリピンが領有権を主張するミスチーフ礁に進出して、組み建て式の半永久施設を四棟建設し、フィリピンの抗議に対して「漁民の避難所」[44] と説明して、取り合わなかった。[43] 同年一月末から二月にかけて劉華清副主席は海南島を視察しており、この視察はこの出来事と関係があるとみられている。さらに九五年の夏から秋にかけての時期および翌年三月に、台湾海峡で台湾威嚇を目的として繰り返し実施した一連の軍事演習が終了した後の九六年五月、劉華清は東海艦隊を視察し、演習を評価するとともに、「引き続き成果を発揮し、部隊の戦闘力を新しい水準に高めるよう努力し、国土の頑強な守り手となる」ことを希望した。[45]

三　国防科学技術工業発展計画とロシアからの兵器移転

1　ロシアとの軍事協力と劉華清

一九九〇年五月三一日～六月一日劉華清副主席はソ連を訪問し、ルイシコフ首相、ベロウソフ副首相、ヤゾフ国防相、モイセーエフ総参謀長ら政府・軍事指導者と会見し、会談した。その内容について中国側は一切公表していないが、モイセーエフ総参謀長が『タス通信』記者に語ったところによると、「過去の怨念を忘れて、われわれの関係を新しい基礎の上に築く」ことに関して協議が行なわれ、合意に達した。彼は、ゴルバチョフの中国訪問（八九年五月）と李鵬のソ連訪問（九〇年四月）により

「ソ中関係には明らかに友好的な変化が生じ」ており、「軍事領域でも変化が生まれなければ、それはむしろ非常におかしい」と述べて、「ソ中両国の軍事関係改善は自然の過程」であると意義付けた。そして数回にわたる会談の結果は、「軍事領域で相互関係を打ち建てる上で不可欠のいくつかの原則を作り上げることである」と指摘し、さらに「ソ連は軍事経済領域ばかりでなく、軍事技術領域でも中国との長期協力を打ち建てることを希望する」と語った。(46)

上述したゴルバチョフ訪中により、両国は国境の画定、兵力引き離しをはじめとする懸案事項の解決、両国の軍事交流で合意した。(47) その直後に「天安門事件」が起き、ついで東欧諸国が崩壊し、さらに九一年一二月ソ連が解体する出来事が起きたが、両国の軍事交流・協力関係は九〇年四月の李鵬訪ソの際合意した「軍事交流拡大の合意」(48)を受けて中断することなく続けられ、ロシア(CIS)誕生以後急速に進展している。江沢民主席(九一年五月、九四年九月、九五年五月、九七年四月)とエリツィン大統領(九二年一二月、九六年四月、九七年一一月)の最高指導者、李鵬首相(九〇年四月、九五年六月、九六年一二月)とチェルノムイルジン首相(九四年五月、九七年六月)、および国防相、総参謀長、海軍司令員、空軍司令員などの最高軍事指導者などの相互訪問をはじめ、軍区代表団、艦隊の友好訪問も行なわれるようになっているが、その先鞭をなしたのは劉華清のソ連訪問であり、劉華清副主席はその後の発展において中心的役割を果たしていた。(49)

2　ロシアからの兵器移転

中国とロシアの軍事協力関係のなかで最も重要な領域の一つは、ロシアから中国への先進兵器・高度軍事技術の移転である。兵器・高度軍事技術の移転は国家の最高機密に属する事項であるから、最高政治指導者間の合意があってはじめて可能となる。その決定を受けて両国の担当部門が協議することになるが、中国側で中心的役割を果たしたのが劉華清副主席であり、先に述べた九〇年五月に続いて、九三年六月、九五年二月、九七年八月にロシアを訪問している。ロシアからは九〇年一〇月ベロウソフ第一副首相（国防産業担当）、九二年五月と一一月ショーヒン副首相、九四年九月ショーヒン副首相、九六年一二月ボリシャコフ第一副首相、九七年一一月ネムツォフ第一副首相が中国を訪問しており、これらの相互訪問により軍民転換を含む国防科学技術工業部門の協力に関する協議が行なわれた。

中国はこれまでにSU27戦闘爆撃機五〇機、S300地対空ミサイル・システム（ミサイル一〇〇発、発射台四基）、IL76輸送機六機、キロ級通常型潜水艦四隻（九六年までに二隻移転、新型の三隻目は九七年一一月に移転）、ソブレメンヌイ級駆逐艦（七五〇〇トン）二隻などの完成兵器のほか、具体的なことはほとんど分からないが兵器・装備の部品、高度軍事技術などを導入している。核兵器、弾道ミサイルなどの技術の移転も行なわれているとの情報もある。

こうしたロシアの兵器・軍事技術移転のなかで最も重要なものは、SU27の追加購入とライセンス生産である。九四年一〇月劉華清は国家計画委員会、国家経済貿易委員会、国防科学技術工業委員会、空軍、民間航空、航空機製造関係の責任者とともに、李鵬首相に随行して瀋陽の航空機関係生産施設を視察し、同部門に対して国防力の強化と民間航空事業の発展において一層の役割を果たすことを要求した。(50) SU27生産への動きはこの時点で具体化していたと考えられる。最近の情報によれば、改良型の完成機を五九機購入するとともに、九八年から生産を開始し、年間最高二〇機、一五年間で最低二〇〇機を目標としている。(51) これにより中国軍兵器のなかで最も後れていた戦闘機の性能は一挙に向上し、中国の後進的な空軍戦力は大きく向上することになるが、この技術移転はSU27の国内生産に留まることなく、他の航空機やミサイル、さらには陸軍、海軍の兵器・装備の改良にまで波及すると考えられる。さらにロシアは兵器輸出に積極的であるし、他方中国も軍事力の近代化、そのハイテク化に先進軍事技術の導入を不可欠としているから、両国の軍事科学技術協力は今後拡大・発展して行くと考えられる。

ロシアのほかに九六年九月九日から二五日まで、劉華清副主席はフランスとイタリアを訪問したことにも触れておきたい。(52) 中国はフランスからシュペル・フルロン型とドルファン型のヘリコプター(完成機とライセンス生産)、クロータル型艦対空ミサイルその他、イタリアとはA5M戦闘爆撃機の電子機器などの兵器・装備を導入している。中国はロシアのほかにイスラエルからも兵器・高度技術を導入しており、さらにフランス、イタリアとの軍事協力を強化することにより軍事力の近代化を促進することを意図しているが、そこでも劉華清は重要な役割を果たした。

3　二一世紀を目指す軍隊建設「長期目標要綱」

九六年三月の全国人民代表大会会議で、経済発展のための第九次五ヵ年計画（一九九六年～二〇〇〇年）・一九九六年～二〇一〇年長期目標要綱が採択され、それとの関連で軍隊建設あるいは軍事力の近代化をどのように進めるかが審議された[53]。それは李鵬報告の言葉を使うならば、「科学技術により軍隊を強化し、国防科学技術の研究を促進し、ハイテク条件下の防衛戦争で必要とされる兵器装備の開発を重点的に強化する」。「国防の科学的研究と国防工業の構造を引き続き見直し、軍需と民需の結合、平時と戦時の結合を実行し、軍需工業のハイテクを使用して船舶、航空機、人工衛星などの民需製品を開発し、社会主義市場経済の発展に即応した国防工業のメカニズムと国防動員体制を打ち立てる」という内容である[54]。

八〇年代以降中国軍では、「一〇〇万人の兵員削減」による「量から質への転換」が断行され、それまでの歩兵中心・陸軍中心の前近代的な軍隊から諸兵種から編成される合成集団軍、海軍・空軍重視の軍隊へと重要な転換が進行する一方で、軍事産業の民需生産への転換、いわゆる軍民転換が進行している。その目的は、軍隊の再編成と同様に、前近代的で、現代の戦争に役に立たない兵器装備を生産している軍需産業を整理し、民用製品の生産に転換する一方、一部の先進的な技術を有する軍需産業を活用して民用生産を遂行して国民経済の発展に役立てるとともに、軍需産業発展のための資金と先進的技術を外国から導入することにある[55]。

中国ではこれまで航空機、船舶、原子力、ロケットなどは軍事目的に使用されるだけであり、民用生産に使用されることは少なかった。八〇年代を通して、軍需産業の民需生産あるいは軍需生産への転換が進行し、軍需産業は国民経済の成長に大きく寄与するとともに、軍需産業自体も発展しつつある。その先鞭となったのが海軍関連企業であり、その中心にいたのが八二年に海軍司令員に抜擢された劉華清である。

劉華清は軍隊建設の「長期目標要綱」の実現に向けて精力的に活動した。九五年一一月国防科学技術予想研究活動会議で、劉華清は「今後の五年間は、国防科学技術と兵器装備発展のカギとなる時期であり、次の五つの領域での活動に重点をおく」とした。①世界のハイテクに照準を当てた国防科学技術予想研究。②予想研究成果の普及による現実の生産力への迅速な転化。③国防科学技術と兵器装備発展を大きく制約しているカギとなる技術の突破。④重点研究室の建設による工場と研究所の技術改造。⑤管理の改善、協調の強化、マクロ調整機能の向上[56]。

ついで一二月二日から九日まで劉華清はモスクワを訪問し、軍事協力協定を締結した[57]。協定の内容は公表されていないが、訪問の最大の目的はロシア製兵器装備・軍事技術の中国への移転であったと推定される[58]。ロシアから帰国してまもなくの一二月九日、中央軍事委員会の拡大会議が開催された。会議では「長期目標要綱草案」が討議され、軍隊・国防領域においてどのように具体化するかが討議された[59]。会議後劉華清は、国防科学技術工業部門に四項目の要請を出したとされている。①国防科学技術研究は戦略問題。②科学技術で軍隊を強化する戦略。③国防科学技術研究の原則は、戦線の短縮、重点の突出、緊急と調和発展の保障。④国防科学技術研究の方向は、兵器装備の質的向上、兵器装備

の全体的建設の向上、科学技術研究の成果の迅速な戦闘力への転化。(60)

一二月二三日全国国防科学技術工業弁公室主任会議が開かれ、「長期目標要綱」を国防建設に具体化する問題が討議された。劉華清は「国防科学技術研究はたんなる技術問題ではなく、わが国の富強と安全に関わる戦略的問題である」と強調し、「国防科学技術戦線の全同志はこのことについて一層明確な認識を持ち、自らの神聖な使命をはっきり認識し、世界の先進水準に後れないように努力し」、「国防現代化のために新しい功績を立てなければならない」ことを要求した。(61)

四　劉華清の引退

一九九七年九月に開催された中共一五回大会で、劉華清副主席は中央委員会委員に選出されなかった。したがって中央政治局常務委員に選出されることもなかった。また中央軍事委員会副主席にも選出されなかった。九二年の一四回大会以来、劉華清とともに中央軍事委員会副主席であった張震副主席も、中央委員会委員にも中央軍事委員会副主席にも選出されなかった。

二人の中央軍事委員会副主席は、軍隊に関係のない江沢民中央軍事委員会主席を支えるために鄧小平が抜擢した人事であった。この二人の軍事指導者、とくに劉華清の支持・協力なくしては、今日の江沢民軍事指導体制は存在しないといっても過言ではない。二人の引退は高齢によるものであり、すでに九五年九月の一四期中央委員会五回総会で、張万年総参謀長と遅浩田国防部長が中央軍事委員会副主席に抜擢された時点で決定済みであった。劉華清あるいは張震が引退を望まず居座ろうとしているとか、江沢民主席は二人を煙たがっているとか、いろいろな情報が流れた。江沢民軍事指導体制の誕生から今日までの発展過程を検証するならば、そのような情報が事実に基づかない情報であることが分かるはずである。江沢民軍事指導体制は十分に固まっているとはいえないから、劉華清と張震の力を引き続き必要としているが、一五回大会で江沢民自ら五〇万人の兵員削減の実施を宣言した事実は、これまで実施したくても出来なかった大幅な兵員削減を実施出来るところにまで、江沢民軍事指導体制が固まったとみていることを示している。(62)

中共一五回大会閉会後まもなくの一九九七年九月二七日に行なわれた経晋椿・故廖承志元政治局員夫人の告別式に、劉華清は、この時点ではまだ国家中央軍事委員会副主席の地位にいたにもかかわらず、人民服で列席したことから事実上軍籍を離れたことが明らかとなった。(63) ついで一〇月一四日劉華清「同志」は、国家海洋局が主催した南極観測一三周年に関する座談会に出席した。(64)

それより先の同年一月の中国航空工業総公司工作会議で、劉華清は「重点を突出させ、人力、物力を集中して、重点型号の研究製作任務を確保する」ことを指示した。(65) これはSU27をはじめとするいくつかの航空機の開発、生産に全力を投入することを指示したものである。六月には成都の航空機生産施設、西昌の衛星発射センターを視察した。(66) さらに八月二五日から九月三日まで劉華清はロシアを訪問して、(67) SU27の生産ライセンス、ソブレメンヌイ級駆逐艦購入に関する協議を続けた。(68) これは現役として最後の外国訪問であった。引退直前まで、劉華清は中国軍の近代化に全力を投入した。

引退してから二年後の九九年一〇月一日、建国五〇周年を記念して北京の天安門広場で挙行された軍事パレードに、劉華清は軍服を着て楼上に立った。劉華清はこのパレードを誰よりも感慨深く見ていたであろうと著者は当時書いた(69)。それ以後劉華清の消息は聞こえてこない。

註

(1) 以下の記述は、『中国人名大詞典――現任党政軍領導人物巻』(一九八九年、北京・外文出版社)四一五～四一六頁を主体として、次の文献を参照している。李久義「中共海軍司令員劉華清」『匪情研究』第二七巻第八期(民国七四年二月)九九～一〇一頁。「劉華清―従海軍司令員到軍委副秘書長」(李国強等著『中共軍方将領』一九八八年、香港・広角鏡出版社収録)九六～一〇五頁、「劉華清與中国海軍」(同)一〇六～一一九頁。

(2) 『当代中国海軍』(一九八七年、北京・中国社会科学出版社)六三五～六四八頁。

(3) 前掲「劉華清―従海軍司令員到軍委副秘書長」一一八頁。

(4) 同一一九頁。

(5) 前掲『当代中国海軍』七二〇頁。

(6) 拙稿「外洋を目指す中国海軍指導体制の形成」『東亜』一九九二年一〇月。

(7) 「海洋・海軍・新技術革命―訪海軍司令員劉華清」『瞭望』一九八四年第三三期（二月一三日）、「建設一支強大的海軍、発展我国的海洋事業―海軍司令員劉華清選写的文章摘要」『人民日報』一九八四年一一月二四日。

(8) 沈立江「中国海軍日趨導弾化・電子化・自動化――海軍司令員劉華清談海軍建設」『艦船知識』一九八六年第八期二～三頁、劉華清「建設強大的現代化海軍関鍵在人材」『紅旗』一九八六年第二期一七～二一頁。

(9)(10) 「具有戦略的意義的起歩――海軍遠航合同訓練述評」『解放軍報』一九八八年五月三日。

(11) 張澤南「遠航二五万海里的蔣軍―訪南海艦隊副参謀長何純連海軍少将」『艦船知識』一九九〇年第九期一一頁。

(12) 張序三「海軍首次遠航航海実習」『艦船知識』一九九〇年第三期二～三頁、五頁、第四期二～三頁。

(13) 前掲張澤南「遠航二五万海里的蔣軍―訪南海艦隊副参謀長何純連海軍少将」一一頁

(14) 曹国強「一条友誼的航迹―人民海軍編隊出訪南亜三国紀行」『艦船知識』一九八六年第四期二八～二九頁。
(15) 「海軍某部海上連合編隊円満完成遠海合練」『解放軍報』一九八六年六月九日。
(16) 「東海艦隊耕犁西太平洋、多艦種編隊隠蔽会合成功、共完成三九個演練課題一二五個単艦訓練課題」『解放軍報』一九八七年五月三〇日。
(17) 「中国海軍陸戦隊を創設」『中国通信』一九八七年六月一六日。
(18) 「我海軍大型編隊首次巡邏南沙群島」『解放軍報』一九八七年六月九日。
(19) 「東海艦隊首次遠程合同演練成功」『解放軍報』一九八七年一二月四日。
(20) 拙著『甦る中国海軍』(一九九一年、勁草書房)第九章「南沙諸島をめぐる中越紛争」を参照。
(21) 「我海軍艦隊遠足大洋、標志着遠海作戦能力達到新水平」『解放軍報』一九八八年一一月六日。
(22) 拙著『続中国の海洋戦略』(一九九七年、勁草書房)第三章「中国のフィリピン海域への進出」、本書第六章を参照。
(23) 「法国国防部長会見劉華清」『解放軍報』一九八五年一一月六日、「劉華清結束訪問法前往美国」同一一月一四日、「劉華清到達美国進行友好訪問」同一一月一六日、「劉華清一行離美回国」同一一月二五日。
(24) 前掲履歴を参照。
(25) 拙稿「楊尚昆と軍改革の行方」『問題と研究』一九九〇年三月号。
(26) 拙著『続・鄧小平の軍事改革』(一九九〇年、勁草書房)第一章「鄧小平の引退」参照。
(27) 以下論じる点について詳しくは、拙稿「『鄧小平以後』を目指す中国人民解放軍(下)―軍備・軍制の『質的建設』」『国防』平成五年八月号(拙著『江沢民と中国軍』一九九九年、勁草書房、第一章に収録)を参照。
(28) 「江沢民検閲北京軍区訓練成果時作重要講話、把軍隊建設好是党和人民的懇切希望」『解放軍報』一九九一年九月一一日、「政治合格、軍事過硬、作風優良、紀律厳明、保障有力、党和国家領導人検軍区訓練成果」同。
(29) 「堅持鄧小平国防和軍隊建設理論指導地位」『解放軍報』一九九一年一一月六日。
(30) 「貫徹質量建設方針、扎実做好軍事工作」『解放軍報』一九九一年一二月一七日。
(31) 社論「加質量建設、走有中国特色精鋭之路」『解放軍報』一九九二年一月一日。

(32)「質量、軍隊的生命―談加質量建設」同一月三日。
(33) 以下に論じる問題について詳しくは、拙稿「『鄧小平以後』を目指す中国人民解放軍（上）排除された楊家将」『国防』平成五年六月号、同「（中）補強された江沢民軍事指導体制」同七月号（拙著『江沢民と中国軍』一九九九年、勁草書房、第二章として収録）を参照。
(34)「認真貫徹鄧小平同志関於新時期軍隊建設思想、走有中国特色的精鋭之路全面提高部隊戦闘力」『解放軍報』一九九三年三月二三日。
(35)「対加強我軍革命化、現代化、正規化建設具有重要意義、《鄧小平関於新時期軍隊建設論述選編》出版」『解放軍報』一九九三年七月二〇日。
(36) 社論「為実現新時期軍隊建設総目標而奮闘」『解放軍報』一九九三年八月一日。
(37) 劉華清「堅持不移地沿着建設有中国特色現代化軍隊的道路前進」（『求是』一九九三年第一五期）『解放軍報』一九九三年八月六日。
(38) 三年の軍事訓練改革については、拙稿「中国軍の軍事訓練改革（一九九四年）―「台湾軍事統一」論に関連して」『問題と研究』一九九六年一月号（前掲拙著『江沢民と中国軍』第二章として収録）。
(39)「劉華清副主席視察済南戦区部隊時強調、深化軍事訓練改革、掀起新的練兵熱潮」『解放軍報』一九九四年六月一九日。
(40)「劉華清視察舟山群島勉励東海軍民適応改革開放形勢、増強海洋意識、捍衛藍色国土」『解放軍報』一九九三年四月二〇三日。
(41)「劉華清副主席在看望駐厦部隊官兵時勉励大家、按『五句話』要求、全面建設部隊」『解放軍報』一九九四年二月一四日。鼓浪嶼の中隊については、「改革条件下成長起来的先進集体、〝鼓浪嶼好八連〟命名大会在厦門挙行」『解放軍報』一九九三年五月一日。
(42)「泰国国王会見劉華清」『解放軍報』一九九四年一月七日、「李光耀会見劉華清」同一月一二日、「蘇哈托会見劉華清」同一九九四年一月一八日。
(43) 拙著『続中国の海洋戦略』（一九九七年、勁草書房）第三章「中国のフィリピン海域への進出」、本書第六章も参照。

(44)「劉華清看望駐廈官兵並和領導幹部就特区部隊建設問題座談、加強党組織建設、推進両個文明」『解放軍報』一九九五年二月一〇日、「南沙諸島での中国軍増強、『劉副主席が指示』、香港筋指摘」『産経新聞』一九九五年二月一七日。
(45)「劉華清視察東海艦隊勉励広大指戦員、做藍色国土堅強守衛者」『解放軍報』一九九六年五月二一日。
(46)「応蘇聯政府邀請、劉華清赴蘇訪問」『解放軍報』一九九〇年六月一日。
(47)「中蘇聯合声明」『人民日報』一九八九年五月一九日。
(48)「李鵬総理結束対蘇聯的訪問」『人民日報』一九九〇年四月二七日。
(49)中国とロシア（旧ソ連）との軍事関係については不十分であるが、とりあえず次の拙稿を参照されたい。「中ソ軍事協力関係の進展」『杏林社会科学研究』第八巻第一号（一九九一年九月）、「軍事領域から見た江沢民のロシア訪問」『東亜』一九九四年一〇月号。
(50)「李鵬劉華清在遼寧考察工作」『解放軍報』一九九四年一〇月一七日。
(51)「スホイ27、中国、来年前半に生産、露軍首脳明かす」『産経新聞』一九九七年一〇月八日。
(52)「劉華清同法国防部長階段、一致表示希望両国積極発展全面的合作関係」『解放軍報』一九九六年九月一三日、「希拉克総統会見劉華清、就双辺関係国際形勢和共同関心的問題交換了意見」同一五日、「劉華清与意国防部長会談、抵達意義大利進行正式友好訪問受到熱烈歓迎」同九月二〇日。
(53)「解放軍代表団開始分組審議李鵬総理的報告、加強国防建設、実現宏偉藍図」『解放軍報』一九九六年三月七日。
(54)「関於中華人民共和国国民経済和社会発展〝九五〟計画和二〇一〇年遠景目標綱要的報告（一九九六年三月五日）」『人民日報』一九九六年三月一九日。「李鵬在八届全国人代四次会議上的報告中強調、必須加強国防現代化建設」『解放軍報』一九九六年三月六日。
(55)以上述べた点に関する詳細は、拙著『中国軍現代化と国防経済』（二〇〇〇年、勁草書房）第二部を参照。
(56)「劉華清在国防科技予研工作会議上要求、加強国防科学技術進歩提高武器装備現代化水平」『解放軍日報』一九九五年一一月一八日。
(57)「劉華清中国中央軍事委副主席の訪ロ」『ロシア月報』一九九五年一二月号一〇二頁。

(58)「中国が国内生産目指す、ロシアの最新鋭戦闘機スホイ改良型、露訪問中の大型軍事代表団、協定の最終協議へ」『産経新聞』一九九五年一二月四日。
(59)「中央軍委拡大会議内情」『広角鏡』(香港) 一九九六年一月九頁。
(60) 同一〇頁。
(61)「劉華清在全国国防科技工弁主任会議上強調、進一歩提高国防科技工業整体水平」『解放軍日報』一九九五年一二月二三日。
(62) 拙稿「中国軍の五〇万人削減と江沢民軍事指導体制の形成」『問題と研究』一九九七年一二月号・九八年一月号 (前掲拙著『江沢民と中国軍』第一章として収録)。
(63)「劉華清氏軍の職務から完全引退か」時事通信、一九九七年九月二七日。
(64)「国家海洋局挙行座談会、紀念鄧小平為南極考察題詞一三周年」『人民日報』一九九七年一〇月一五日。
(65)「劉華清在航空工業総公司工作会議上要求、精心組織、確保重点型号研制」『解放軍報』一九九七年一月一五日。
(66)「劉華清在四川考察時強調、提高国防科研生産水平、切実加強軍隊質量建設」『解放軍報』一九九七年六月八日。
(67)「率中国政府代表団出訪俄羅斯、劉華清抵達莫斯科、離京時鄒家華張万年等前往機場送行」『解放軍報』一九九七年八月二五日、「俄総理国防部長分別会見劉華清」同八月二六日、「俄等斯総理会見劉華清」同八月二八日。
(68)「ロシア首相、中国中央軍事委員会副主席と会談」(モスクワ放送) RP一九九七年八月二八日、「中俄軍事物資合同、劉華清昨与俄総理挙行会談」『文匯報』(香港) 一九九七年八月二八日、「ロシア対中一億ドル武器分契約」『日本経済新聞』一九九七年八月二八日。
(69) 前掲拙著『中国軍現代化と国防経済』第一章「建国五〇周年軍事パレードから見た中国軍の現代化」一二三頁。

補論　海軍司令員、張連忠と石雲生

劉華清の後任となった二人の海軍司令員と、著者が関心を持った数人の海軍指導者について簡単に触れておきたい。

一　張連忠の海軍司令員就任と張序三

1　張連忠　第四代海軍司令員

海軍中将、一九三一年山東省生まれ。四七年参軍、四八年中共入党、膠東戦役、淮海戦役、渡江戦役などに参加。建国後小隊長、中隊長を経て、五八年漢口高級歩兵学校を卒業して大隊参謀長。その後海軍に転換し、六五年海軍潜水艦学校（青島）卒業、七〇〜七五年海軍潜水艦艦長、七五〜七七年北海艦隊青島基地第二潜水艦支隊副支隊長・支隊長、八〇年軍事学院卒業、七九〜八三年北海艦隊副参謀長、八三〜八五年旅順海軍基地司令員、八五〜八八年年海軍副司令員を歴任して、八八年海軍司令員に昇進。(1)

八八年一月劉華清が海軍司令員を引退し、張連忠が他の多くの海軍指導者を飛び越えて海軍司令員に就任した人事は、著者にとって予想外の人事であった。八七年の中共一三回大会で中央委員会候補委員に選出された時、張連忠の将来性が注目されなかったわけではなかったけれども、海軍司令員に昇進するとは予想されていなかった。何故ならば当時中国海軍指導体制には、張序三、聶奎聚、陳明山を先頭にして外洋での経験・訓練を積んだ艦艇指揮員が多数おり、外洋海軍への発展的趨勢を考えるならば、彼らのなかから海軍司令員が抜擢されても少しもおかしくなかったからである。四人の海軍副司令員のなかで、彼は年齢が最も若く、序列も四番目であり、四人のなかで知名度は最も低かった。彼は艦隊司令員を担当しておらず、海軍の全面的な活動に従事した時間も短く、海軍副司令員としての任期も三年足らずであった。

張連忠の海軍司令員抜擢は、もとより鄧小平の支持をえて劉華清が断行したと考えられる。劉華清はその理由を次のように説明したという。「海軍の副司令員および艦隊司令員のなかで司令員になる資格を持つ人は何人もいるが、張連忠は年齢が最も若く、今後一〇年以上活動が可能である。頻繁な人事異動を避けることができることは、海軍の安定的な発展を保証する」と。(2)

七六年末中国海軍の252潜水艦が、アリューシャン列島、日本列島、沖縄諸島、台湾、フィリピン群島、大スンダ群島へと弓型に連なるいわゆる第一列島線を越えて、初めて太平洋に入り、三〇日間、三三〇〇海里の航海を行なった。これは中国海軍艦艇が初めて外洋まで遠洋航海し訓練を実施した最初であった。(3)すなわち中国海軍の遠洋航海・訓練は潜水艦部隊から始められたのであり、この遠洋航海を指揮したのが、当時副支隊長であった張連忠であった。現在中国海軍潜水艦部隊は約七〇隻の通常動力潜水艦に、数隻の原子力潜水艦を保有し、弾道ミサイルを水中発射できる能力を持ち、遠洋で敵艦艇および陸上の目標を水中から奇襲攻撃する能力および威嚇性能力を保有しているが、そのような中国海軍潜水艦部隊成長の発端はこの航海にある。潜水艦出身者が海軍司令員に抜擢されたことの背景には、いまや戦略核戦力として有効性を持ち始めた中国海軍の原子力潜水艦部隊を掌握するという重要な意味があるのかもしれない。

八五年海軍後方支援および装備建設を担当する海軍副司令員となった彼は、その頃から中国軍内部で実施されたレーザー・電子模擬戦術演習を実施した。八七年八月東海艦隊が黄海で実施した演習はその最も代表的なものである。八八年に完成した中国海軍最大の近代化された大型軍港の建設を指導した。この軍港は面積一〇万七〇〇〇平方キロメートル、数十隻の戦闘艦を同時に停泊できる極東で最も大きい軍港という(4)。

2 張序三

海軍中将、一九二九年山東省生まれ。四五年中共入党、四七年参軍、膠東軍区中隊指導員として膠東戦役、淮海戦役、渡江戦役などに参加。建国後海軍に転換、海軍副艦長、五四年ソ連海軍高級専門学校を卒業、帰国後五六〜六二年北海艦隊第五一駆逐艦艦長、六四〜六九年同駆逐艦大隊大隊長、七〇〜七五年東海艦隊舟山海軍基地参謀長、七五〜八三年海軍軍訓練部長・海軍副参謀長、八〇年南太

平洋に向けて大陸間弾道弾の発射実験を実施した際の海上護衛艦隊指揮部参謀長、その後八三～八五年海軍学院院長、八七年海軍副司令員兼参謀長に就任した。九〇年八月趙国臣の海軍参謀長就任により、その職を解かれ、海軍副司令員の職務に専念することになった。(5)

以上の経歴が示すように、張序三はソ連海軍の教育を受けている海軍軍人であり、長い間水上艦艇および上級機関での勤務をしている点で、海軍の理論と実戦の両面での経験を持ち、海軍を熟知している海軍軍人の一人である。著者は劉華清の後任として、外洋海軍に成長しつつある中国海軍を指揮する海軍司令員の最有力候補と見ていたが、九三年中国軍事科学院政治委員に転出した。

八五年鄧小平の「軍事改革」の進展とともに、海軍で広く討議されている「中国海軍発展戦略」研究(6)の中心的指導者であり、それに関連して「世界戦争の形態変化およびわが国海軍発展に対するいくつかの見方」および「中国海軍の発展戦略」という二篇の論考を公表している。(7)そのなかで、中国海軍の任務は中国大陸周辺の四つの海域（渤海、黄海、東シナ海、南シナ海）およびそれらの広大な海域に広がる大陸棚の防衛であり、遠くない将来これらの海域で局地戦争が生起すると予想して、「近海防御」戦略を提起し、それに相応した中国海軍の建設を体系的に論じている。(8)中国海軍随一の理論家であったから、軍事科学院での仕事は打って付けであったといえる。

九四年二月退役したが、現役中から全国人民代表大会の代表として、平時における軍事建設の重要性を主張し、その具体化に専念してきた。(9)

3 陳明山

海軍中将、一九三一年山西省生まれ。四六年参軍、四九年中共入党、晋北戦役、西南戦役などに参加。一五歳の時賀龍の部隊に参加して以来、賀龍の警備を担当してきたが、建国後海軍に転換した。五五年一月の一江山攻撃作戦で功績をあげて、第三海軍学校に入学、卒業後東海艦隊魚雷高速艇中隊指導員、同大隊参謀長・大隊長、ミサイル高速艇第一六支隊支隊長、温州水警区副司令員・司令を経て、一九八七年軍事学院入学、卒業後東海艦隊副参謀長・副司令員、八五年広州軍区副司令員兼海軍南海艦隊司令員を歴任、一九八八年海軍副司令員に昇進した。(10)

広州軍区副司令員兼海軍南海艦隊司令員在任期間に、陳明山は中国海軍の南沙群島進出、具体的には南沙群島における中国海軍の戦略的拠点の建設に従事した。八八年二月中国海軍は同群島の六個の岩礁を占領して、中華人民共和国の主権標識および警備所（高脚屋）を建設するとともに、その一つである永暑礁を人工島に改造して、そこに海洋観測所を設置した。これらの活動を指導したのが陳明山であり、彼は八八年八月海洋観測所の完成に当たって、自ら永暑礁に出向いている。(11) 現在も中国海軍の南シナ海における展開という重要な仕事を担当していると推測される。九一年一一月『艦船知識』記者に対して、湾岸戦争の教訓について語っている。(12)

二　石雲生の海軍司令員就任と李景

1　石雲生　第五代海軍司令員(13)

海軍中将、一九四〇年遼寧省撫順の生まれ。朝鮮戦争において生まれたばかりの中国空軍が米国の戦闘機と戦って輝かしい戦果をあげたことに大きな影響を受け、五六年空軍第一予備学校に入学、二年後には空軍第七航空学校で戦闘機パイロットの教育を受けた。当時学校には朝鮮戦争に参加したソ連空軍教官が多数いて、教育水準は高かった。

六〇年二〇歳で卒業した後、海軍北海艦隊の航空部隊に配属された。当時は「大練兵」が実施されている時期で、領空に侵入して来る台湾空軍の米国製P２V電子偵察機を攻撃することが最大の目標であった。地上のレーダーで爆撃機がP２Vの近くに照明弾を投下し、戦闘機で攻撃する方法であった。この期間飛行中隊長から、副大隊長、大隊長、副連隊長と昇進した。

七六年三六歳で北海艦隊航空部隊副司令員。八三年南海艦隊航空部隊司令員に就任して、中国海軍の南シナ海進出で重要な役割を果たしたと考えられ、その役割を認められて八八年九月海軍副参謀長に抜擢され、少将に昇進。さらに八九年海軍航空兵副司令員、ついで九二年一〇月には海軍副司令員に昇進した。こうした一連の動きは、中国海軍が南シナ海を重視していることを示す重要な人事の一つである。

九三年国防大学に入学、九四年海軍中将、九七年九月の中共第一五回大会で中央委員に選出された。九六年一二月海軍司令員に抜擢された。石雲生の海軍司令員就任は、海軍航空部隊の幹部が海軍司令員に抜擢されたところに重要な意味がある。著者はそれ以前に李景が海軍司令員に就任することがありえなくはないと考えたことがある。それは李景の活動振りから推定したのであるが、しかしながら中国海軍は航空部隊の出身者が司令員になるにはまだ時期が早すぎるとその時書いた。(14) だが遂に航空部隊の出身者が中国海軍のトップに抜擢される日が来たことになる。この人事は中国海軍、そして何よりも中国軍が海軍航空部隊を重視していることの重要な動きである。

2 李　景

海軍中将、一九三〇年山東省生まれ。四六年参軍、四九年中共入党。東北の空軍航空学校で飛行員としての訓練を受け、五二年空軍航空学校卒業、五三〜五四年空軍飛行中隊中隊長。その後海軍に転じ、海軍航空兵処で活動。五八年〜七三年海軍航空兵飛行大隊大隊長、連隊長、副師団長、師団長を歴任、七三〜八〇年海軍副参謀長、八〇〜八二年海軍航空兵副司令員、八三年海軍副司令員兼海軍航空兵司令員に就任した。九〇年七月航空兵司令員を退き、海軍副司令員に専念した。(15)

著者が石雲生以前に航空部隊出身の海軍司令員を予想した軍人である。中国海軍航空兵の歴史は建国後まもなく始まっており、五〇年代に台湾海峡で国民党空軍と、六〇年代に台湾空軍ばかりでなく、米国海軍の航空機とも戦闘を行なっている。このように海軍航空兵の役割について早くから理解されてきたが、劉華清の海軍司令員就任翌年の八三年に李景が航空兵司令員に昇進するとともに、海軍副司令員に抜擢されていることは、同指導体制が海軍航空兵の役割をこれまで以上に重視しているものとして注目された。李景は八三年中国航空学会で、「海軍航空兵の役割および兵器装備の発展」という報告を行い、前年の八二年に英国とアルゼンチンとの間で行われたフォークランド戦争における航空戦を事例に、将来戦における海軍航空兵の重要な役割について詳細に論じた。(16) 彼はまた必要に応じて、「制空権があってはじめて制海権を掌握することができる」ことを繰り返し強調している。(17)

また七九年に航空兵第八爆撃機連隊は、南は西沙群島から北は松花江、東は黄海・東シナ海、西は黄土高原にわたる空域で、二〇余時間に及ぶ飛行訓練を行なった。さらに八〇年一一月八日には、海軍航空兵の二機の轟-6（H6、B6）中距離爆撃機が、初めて南沙群島上空を飛行し、いくつかの島嶼の写真を撮影した。(18) この時以後海軍航空兵の飛行部隊、とくに爆撃機部隊は西太平洋あるいは南シナ海・東シナ海・黄海で実施される海軍艦艇部隊の演習に参加しており、海軍航空兵の役割は日増しに高まっている。

註

（1）前掲『中国人名大詞典』六一頁、碧華「張連忠與中共海軍領導層」『広角鏡』二九～三〇頁。
（2）前掲、碧華「張連忠與中共海軍領導層」三一頁。
（3）『当代中国海軍』四七六～四七七頁、前掲、碧華「張連忠與中共海軍領導層」三〇頁。この航海について、「256艇首次突破第二島鏈裁秘」『航海』二〇〇〇年第六期（一一月一五日）が冒頭で簡単に触れている。本書終章（二三九頁）も参照。
（4）前掲、碧華「張連忠與中共海軍領導層」二八～三一頁。

(5) 前掲『中国人名大詞典』九五九～九六〇頁、艾宏仁「中共海軍高層異動與軍銜頒発」『広角鏡』一九八八年九月一八頁。

(6) 「中国海軍発展戦略」研究については、拙著『甦る中国海軍』第一〇章「『近海防御』と航空母艦建造計画」を参照。

(7) 「対世界戦争的形態変化和我国海軍発展的幾点看法」『軍事史林』一九八八年第八期、「中国海軍的発展戦略」『艦船知識』一九八九年第四期。これらの論考の概要については前掲拙著『甦る中国海軍』第一〇章「『近海防御』と航空母艦建造計画」を参照。

(8) 前掲『中国人名大詞典』四八九頁、艾宏仁「中共海軍高層異動與軍銜頒発」二〇～二一頁。

(9) 主要な発言をあげると、「呼喚我們現代的海洋観―訪人大代表、海軍副指令員張序三」『解放軍報』一九八九年三月二六日、「経済建設中的国防効益―訪軍隊人大代表張序三」同一九九一年四月三日、「根在海洋的人大代表―訪全国的人大代表、原海軍副指令員張序三中将」『中国船舶報』二〇〇一年三月九日。

(10) (11) 前掲艾宏仁「中共海軍高層異動與軍銜頒発」二〇～二一頁。

(12) 黄彩虹「探索具有中国特色的海軍建設規律――訪海軍副司令員陳明山中将」『艦船知識』一九九一年第一一期二～三頁、二一頁。

(13) 「駛向新世紀的中国海軍―記海軍司令員石雲生中将」『航海』一九九八年第四期四頁。

(14) 拙稿「外洋を目指す中国海軍指導体制の形成」『東亜』一九九二年一〇月号五二頁。

(15) 前掲『中国人名大詞典』三二八～三二九頁、前掲艾宏仁「中共海軍高層異動與軍銜頒発」一八～一九頁。

(16) 李景「海軍航空兵的作用及武器装備的発展」『航空知識』一九八三年第六期二～四頁。

(17) 沈立江「有制空権才有制海権――訪海軍司令員兼海軍航空兵司令員李景」『艦船知識』一九八七年第九期二～三頁、黄彩虹「中国海軍航空兵走向現代化」『航空知識』一九八九年第二期一〇～一一頁。

(18) 前掲『当代中国海軍』四八一頁。

第二部　進展する中国の東シナ海海洋活動

エアガンを曳航して東シナ海の日本側海域を資源探査する中国の海洋調査船「奮闘7」号（二〇〇一年五月、海上自衛隊提供）

東シナ海に中国が建設した平湖石油・天然ガス田（二〇〇〇年三月、著者撮影）

第四章　本格化する油田開発と積極化する海洋調査活動

一　東シナ海で相次ぐ油田開発

1　平湖ガス油田の操業開始

一九九八年四月、中国が上海の東南方約四〇〇キロメートル、東シナ海の日中中間線（後述）近くに位置する平湖ガス油田の海底石油採掘施設（扉写真・地図2参照）を完成させた。[1] 七四年以来国務院地質鉱産部門は東シナ海大陸棚で大量の地質調査、総合分析研究を実施しており、八〇年代に入ると中間線に沿った中国側海域の二〇数ヵ所で試掘を行なってきた。そして八〇年代末までに平湖ガス油田が最も有望となった。[2] 天然ガス主体の中型石油・ガス田で、総面積二四〇平方キロメートル、確認されている軽質原油とコンデンセート油の埋蔵量は八二六万トン、天然ガスの埋蔵量は一四六億五〇〇〇万立方メートルである。[3]

平湖石油・ガス田開発の準備は九二年に開始され、国務院地質鉱産部、中国海洋石油総公司と上海

地図2　中国の東シナ海石油開発海域日中中間線

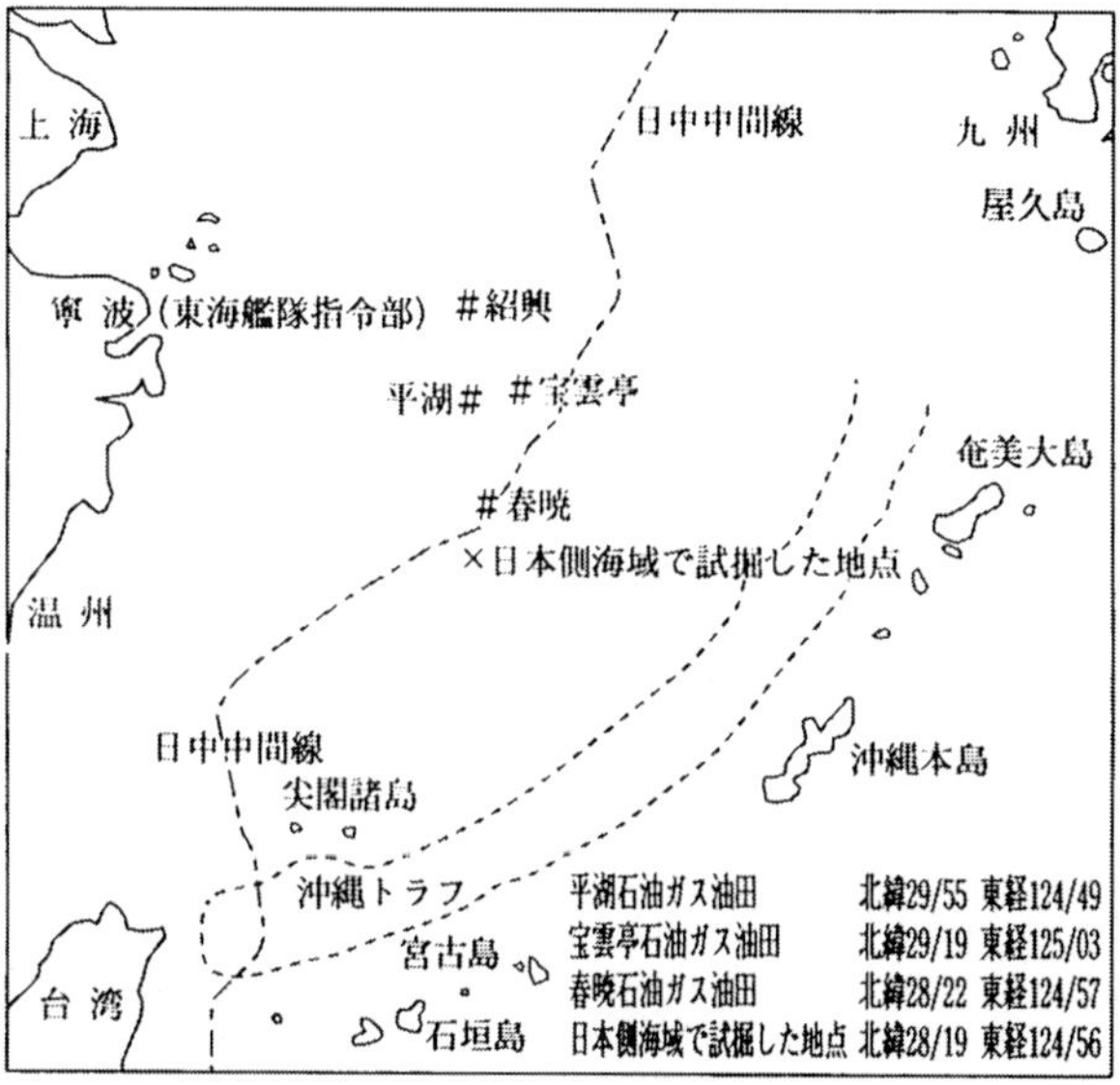

（注）　日中中間線はおおよそのもので精確ではない。

（出所）　各種資料より著者が作成。

市が設立した上海石油天然ガス公司が担当した。(4) 九四年に入ると具体的な準備が始まり、同年九月中旬海上工事の基本設計が完成した。(5) 九六年一一月一八日、上海で着工式が挙行され、翌一九日石油掘削船「南海6」号が最初の掘削を始めた。(6) 「南海6」号は二本のガス井と四本の石油井の計六本を掘削し、うち四本が一二月一日までに稼働条件を整えた。井戸の深さは平均三一八九・六メートル、最も深い井戸は三四八七メートルである。(7)

他方平湖ガス油田に設置された石油採掘施設は、ガイドパイプ受け台と海底に固定する一二本の杭(総量四〇〇〇トン)、その上に据え付けられる四層の採掘・採油プラットフォーム(総量八〇〇〇トン)、九〇人収容の生活プラットフォーム(総量一一〇〇トン)などから構成される。高さ一二〇メートル。海底石油採掘・採油プラットフォームとして普通の規模である。設計生産能力は原油年産八〇万トンと天然ガス年産五億三〇〇〇万立方メートルである。(8) 上海石油天然ガス公司が九五年設計に着手し、九六年に国際入札を実施、そのうち上海の江南造船所が居住施設、他の主要施設を韓国の現代重工業が落札した。(9) 現代重工業は九七年三月から蔚山の施設で製造を開始し、いずれも九八年三月までに陸上での組み立て・調整作業を終えた。四月一一日からガイドパイプ受け台と一二本の杭が海上輸送されて現場の海底に固定され、ついで採掘・採油プラットフォームが一七日に蔚山を出て二三日に現地に到着。据え付け工事は四月二二日から開始され、二八日に完了した。このような巨大な施設の組み立てがわずか一週間で行なわれた。大型バージ四隻、バージ・タグ四隻、物資供給船二隻、九〇〇〇トンの大型浮きクレーンが集合し、一八ヵ国の四〇〇人に近い建設労働者が海上で作業した、と報じられている。[10]

さらに上海に輸送する二本のパイプを敷設する工事は、九七年一〇月三〇日上海浦東地区で、翌九八年四月一五日の完成を目指して着工された。[11] 一本は石油用で三〇六キロメートルで、舟山諸島岱山島に建設される原油給油所に送られる。ここには二万トン級タンカーが停泊できる原油中継埠頭、二〇〇〇トン級の工作船用埠頭、五万立方メートル原油貯蔵タンク、四・一キロメートルの島上パイプラインなどの施設が建設された。[12] もう一本は天然ガス用で三七五キロメートルで、岱山原油給油所を経て、上海南匯天然ガス処理場に輸送される。同年六月一三日までに、パイプは設置された採掘プラットフォームに連接され、六月三〇日までに工事は完了した。さらに一〇月二九日までに、掘削施設と井戸を連接する工事が完了し、試運転が行なわれた。[13] 一一月一一日から一四日まで詳細な検査が実施され、すべての項目に関して合格と認定された。[14] ほとんどの工事が計画を上回って進行したと報じられている。平湖油田採掘施設の建設は中国の海上土木工事能力が極めて高いことを示している。工事に要する経費は総額五〇億元、約六億ドル、アジア開発銀行から一億三〇〇〇万ドル、日本輸出入銀行から一億二〇〇〇万ドル、欧州投資銀行から六九〇〇万ドルの借款によってまかなわれる、と公表されている。[15]

今回開発される平湖ガス油田第一期工事面積は約二〇平方キロメートル、天然ガス一〇八億立方メートル、コンデンセート油一七七万トン、軽質原油一〇七八万トンが埋蔵されているとみられており、毎日一四〇万立方メートルの天然ガスが少なくとも今後一五年間上海浦東新区に供給される。上海市浦東新区には民家や工場へのガス供給パイプの敷設が行なわれた[16]。九八年一一月一八日に採掘された原油が二七日上海に送られた[17]。

2　進展する春暁油田開発

九九年一〇月から東シナ海の「日中中間線」から中国側に僅かに三マイル（約四・八キロメートル）の海域で、海底石油資源の掘削を行なっていた石油掘削リグ「勘探3」号が、石油ガスの自噴に成功した（前掲地図2参照）。二〇〇〇年二月三日に公表されたところでは、この石油ガス田は「春暁3」号と命名されており、今回の試掘で数十層の石油・ガス層が発見され、このうち七層の試掘で天然ガス日量一四三万一九〇〇立方メートル、原油八八立方メートルが確認されている[18]。上海の東南約四五〇キロメートルの地点である。

「春暁石油ガス田」は、九五年七月に1号井の試掘に成功しており、当時「東シナ海の石油・天然ガス探査の戦略的に重要な突破」と報じられた[19]。一一層の石油ガス層が発見され、そのうちの五層に対する試掘で一一〇億立方メートルの天然ガスと四八〇万トンの原油が確認され、日量にして天然ガス一六〇万立方メートル、原油二〇〇〇立方メートルと推定された[20]。「春暁2」号井については九六年二月に探査が終了したと公表された[21]が、試掘については不明である。九九年の「春暁3」号の掘削は試掘ではなく、本格的石油採掘のための「評価井」と公表されている。「春暁3」号の試掘に続いて、すぐ隣接する海域で引き続き「勘探3」号による試掘が続いた。

さらに三月末から、「春暁石油ガス田」のほぼ真北一〇〇キロメートルに位置する「平湖石油ガス田」のほぼ真北百数十キロメートルの海域で、別の石油掘削リグ「海南5」号が作業を開始した。四月八日試掘が開始されたこと、「紹興61」と命名されたことが公表された。[22]これまでに探査されていない新しい鉱区であり、「紹興61」での試掘が成功すると、この地区の石油ガス探査に新しい領域を開拓したことになるとの期待が表明された。なおその後「海南5」号が引き揚げたところから、「紹興61」は試掘に成功しなかったようである。

中国の東シナ海大陸棚石油資源探査は、中国地質鉱産部上海海洋地質調査局によって七四年から実施され、八〇年代に入ると、主として上述した「勘探3」号による試掘が「日中中間線」に沿った中国側海域で実施されている。九五年に明らかにされたところでは、それまでの二一年間に、測線一二万余キロメートルの地震探査を行ない、八三年に「平湖1」号井で商業量の石油ガスの自噴を確認してから、それまでに二九本の井戸を掘ってきた。「平湖1」号井を中心とする海底は、杭州の西湖の名前をとって「西湖凹地」と呼ばれ、[23]中国の海底石油ガス資源開発の重点地域で、「作業の投入が多く、地質研究は質的に高く、豊かな成果をあげている。それまでに合計一六本の商業井を掘り当て、ボーリング成功率は六四パーセントに達し、中国の諸海域の石油探査でもトップに属していると評価されている」と報じられた。これまでに三つの石油ガス田（「平湖」「宝雲亭」「春暁」）と六つの含有構造を発見し、確認した石油ガス埋蔵量は一三〇〇億立方メートル（天然ガス換算）に達した。[24]

3　期待される浙江沿海の石油開発

上述した「紹興61」鉱区の試掘が開始された二〇〇〇年四月一〇日、中国海洋石油総公司は、中国華東地区の江蘇、浙江および上海の二省一市の石油ガス需要を満足させることを主要目標とする東シナ海天然ガス田が、同総公司が今年探査・試掘・開発活動の重点となる方針を明らかにした[25]。この目的を具体化するために、同公司は今年だけでこの地区にこれまでの二〇年間に同海域に投入した総額に相当する三億から四億元を投資して、西湖凹地で五本の井戸を掘削する。西湖凹地の天然ガスの推定埋蔵量は一兆～二兆立方メートルで、これまでに一五〇〇億立方メートルが確認されている。さらに二〇一〇年までに、現在の年産四億立方メートルから一〇〇億立方メートルに増加することを目標としているとの、今後一〇年の東シナ海天然ガス探査・開発に関する全体的な構想が明らかにされた。中国は二〇〇〇年から「西部の天然ガスを東部に輸送する」エネルギー戦略に着手しているが、国務院の指導者は東シナ海天然ガスを優先的に開発して、西部の天然ガスの補充とし、華東地区のクリーン・エネルギーに対する強い需要に応える方針を明確に表明したことが明らかにされ、この方針に応じて中国海洋石油総公司は今年を「天然ガス年」と定め、探査開発の重点を東シナ海においた。その最初の探査目標が、先に指摘した「紹興61」鉱区である。

ところで「春暁石油ガス田」の原油と天然ガスは上海ではなく、西方の浙江省に輸送する計画が立てられている[26]。「相次ぐ東シナ海の石油ガス資源の開発の報に接して、浙江地区の各界に激震が起こっている」と報道されている。この数年来浙江地区の経済は迅速に成長している。九九年の国内生産総額は五三五〇億元で、大陸各省・市・民族自治区のなかで第四位を占めた。だがエネルギーの九〇パーセントは輸入しなければならず、経済発展は厳重な制約を受けている。東シナ海石油ガス資源の開発・利用は、浙江地区のエネルギーと原材料不足の矛盾を緩和し、既存の工業体系に新しい活力を注入し、浙江地区の原材料工業を発展させ、工業技術の進歩と産業の発展を加速し、環境問題を解決し、人民の生活水準を向上する上で、「虎に翼を生やす」作用を果たし、浙江地区の経済を高次の段階に推し進めると期待されている。中共浙江省委員会と省政府は九八年全省海洋経済活動会議を開催し、東シナ海石油ガスの後方支援基地を建設して、積極的に東シナ海の石油ガスを誘致し、天然ガスとコンデンセート油を利用して、エネルギー、石油化学工業などを発展させ、浙江の「希望工程」とする方針を提起した。寧波と温州などの地区が上陸地点の論証を行なっていて、積極性が高い。国家の関連部門はすでに浙江省の数ヵ所で上陸地点に関する調査を実施している。[27]

別の報道によれば、上陸地点の選考は進んでいるようである。[28] 九九年二月全国から二〇余人の専門家が温州の国家海洋局第二海洋研究所杭州濱海公司の「東シナ海中南部石油天然ガス西湾基地選択論証報告」を行ない、評価審査を行なった。それによると、温州平陽県西湾が恵まれた自然条件および工程地質条件の優位性を有している位置にあり、全体として上陸基地の選択要求に達していることが一致して認められた。評価審査は次のようであった。平陽県西湾海域は海底が平坦で、地質条件に優れている「西湾廊道」であり、海底パイプ布設に有利である。西湾の起伏に富んだ海岸は天然の安全な障壁を形成しており、安全と環境の保護に有利である。西湾の海岸は一〇平方キロメートルの砂浜とそれに続く傾斜地で、建設可能な用地が広がっているから、資金の投入を節約でき、耕地を転用する必要もない。淡水も良質で量も十分供給できる。平陽県の社会経済基盤は比較的良好で、後方支援を提供できる。今後新しく開発する石油ガス田はこのパイプラインに依拠して輸送し、建造価格を逓減させることができる。温州市は長江三角州と閩江三角州の二つの大経済圏の結合部分に位置し、独特の区域としての優位性を持っている。東シナ海中南部の石油ガスを西湾に輸送し、浙江中部、西部および門東北の諸地域に放射状に輸送できる。この目標の実現は、浙江省と温州市の経済構造を改変し、エネルギー全体の布局を合理的に改良し、持続的発展可能な戦略を実現する上で重要な意義を有している。

二　着手された日本側海域の石油探査

著者は一九九二年三月一三日付け『産経新聞』に掲載の「中国、海洋覇権」以来、機会あるたびに、平湖ガス油田の開発状況について同紙で報じてきた[29]。とくに九二年秋の天皇訪中の時期に、著者は同紙の取材に同行し、上空からボーリングの現場を視察した。その時の模様については、一一月五日付け同紙夕刊第一面に、八〇年代初頭以来試掘を行なっている石油掘削リグ「勘探3」号がカラー写真入りで掲載され、同時に同日午後六時のフジテレビ「スーパー・タイム」で放映されたが、著者はこの時次のようにコメントした。「中国の東シナ海大陸棚石油開発は鄧小平時代に入ってから、毎年一、二ヵ所のペースで試掘が進められており、その位置は日中中間線のすぐ向こう側であるが、このまま推移すれば遠からず中間線を越えて日本側の海域に入って実施されるであろうから、一日も早く中間線を引いてわが国の東シナ海に対する主権的権利を明確にするとともに、すでにこの海域に鉱区を設定し、先願権をえているわが国の四社の石油開発企業による開発に着手することを希望する」と。

中国政府は中国大陸から沖縄トラフ（別掲地図2参照）までを一つの大陸棚とみて、東シナ海大陸棚全域に対する主権的権利を主張し（大陸棚自然延長の原則）、東シナ海大陸棚に位置しない日本に主権的権利はないとする。これに対して日本政府は、東シナ海大陸棚は中国大陸・朝鮮半島から延び、わが国の南西諸島を越えて同諸島の外の太平洋で終わっているとの認識に立ち、それ故南西諸島は東シナ海大陸棚の上に位置するから、同大陸棚の境界画定は向かい合う日本・中国・韓国の中間で等分する中間線の原則に立っている。これが「日中中間線」である。[30]

いずれにしても石油開発区域設定の前提は、大陸棚の境界画定である。そして中間線の原則も大陸棚自然延長の原則も、国際法上有効な考え方であるから、東シナ海大陸棚の境界画定は、政治交渉で解決するほかかない。しかしこのように中国側が積極的に開発を進め、中間線のすぐ向こう側の海域で開発が進んでいるのであるから、日本側が早急に線引きしないと、中国が中間線を越えて、日本側海域に入ってくるのは時間の問題である。

現実に九五年わが国のある石油企業に、「勘探3」号が所属する国務院地質鉱産局上海地質調査局から、日中中間線の日本側大陸棚の開発に関する共同研究を打診してきた。[31]この企業は、①中間線の日本側の大陸棚に対してわが国は主権的権利を有している。②この地域については、わが国の四つの企業がすでに石油開発鉱区を政府に出願し先願権をえているので、共同研究に応じることはできない、と返答したとのことである。平湖およびその周辺大陸棚の試掘が終了したので、次の試掘地点を求めての打診と考えられた。

東シナ海大陸棚で石油が最も豊富に埋蔵されているとみられている地域は、中間線の日本側である(32)。平湖周辺海域での石油開発が有望となれば、中国の関心が日本側の大陸棚に向くのは当然である。そして九五年五月のゴールデン・ウィークを挟んで、一ヵ月以上にわたって、中国の海洋調査船「向陽紅9」号(四五〇〇トン)が、わが国の奄美大島から尖閣諸島にかけての海域で、沖縄トラフをすっぽり包む形で資源探査を目的とするとみられる海底調査を実施した。ついで同年一二月初頭上記「勘探3」号が、わが国海上保安庁の作業中止命令を無視して、日本側の海域に少し入った地点(別掲地図2の×地点)で試掘を開始し、翌年二月中旬試掘に成功して引き上げた。商業生産が可能かどうかはともかくとして、石油の自噴が確認されたのである(33)。

この地点は平湖油田の南方約百数十キロメートルに位置しており、平湖から上記×地点を通ってさらに南方に伸びる地質構造には石油が埋蔵されているとわが国のある専門家は推定している。それ故中国の海底石油開発は今後わが国の宮古島の方向に向かって南下してくると推定される。それから数ヵ月後の九六年四月下旬、上述した試掘に成功した×地点南方の中間線・日本側海域で、フランスの海洋調査船「アテランテ」号(五〇〇〇トン)が、ケーブルを引いて海底地質調査と推定される作業を行なった。[34] この海洋調査は中国とフランスとの共同調査であることを中国自身公表しており、[35] 同調査船には一二人の海洋科学者のうち三人の中国の海洋科学者が乗っていて、同船が那覇に寄港した際下船して、飛行機で中国に帰ったことからも明瞭である。[36] なお「アテランテ」号は那覇出航後、台湾の基隆に寄港し台湾の海洋科学者を乗せて、わが国の与那国島をすっぽり包んだ海域で、地震探査を含む海底調査を実施した。わが国外務省は「海底に変化があったら連絡する」との条件を付けて許可した。[37] わが国の主権・利益は無視されているのである。

さらに同年六月二日から一五日と七月一から一四日まで、「奮闘7」号（一五〇〇トン）が、中間線の真ん中で日本側海域で、断続的にケーブルを曳航した。一〇月三一日から一一月二日まで、その地点より少し東よりの中間線に近い日本側海域で、「東測226」号と「東測227」号が反復航走した。[38]

このようにみてくると、中国の海底石油開発は平湖ガス油田およびその周辺の油田の開発の進行とともに、次に九六年二月試掘に成功したわが国海域内の地点（別掲地図2の×地点）に、今回平湖ガス油田に据え付けられたものと同じような石油採掘プラットフォームが建設され、海底パイプラインが延長されると考えられる。今回の海上作業が極めて短期間に遂行されたことからみて、わが国の警告を無視して、同様に短時間で日本側海域で採掘施設の建設（組み立て）が実施される可能性があり、このままではわが国の経済的権益が済し崩しに侵される危険がある。

三　我がもの顔の中国の海洋調査活動

一九九六年六月二〇日、日本政府は国連海洋法条約を批准し（七月二〇日発効）、それによりようやく東シナ海に中間線を引いた。しかしながらその後の三年間の中国海洋調査船の活動を示した別掲地図が示すように、中国の海洋調査船はその後もわが国の奄美大島から尖閣諸島にかけての日本側海域で、わが国海上保安庁の巡視船の警告を無視して実施されている。数においても、活動範囲においても、無視できないところにまで積極化している。

1　中間線日本側海域での石油探査

平湖ガス油田のプラットフォームが建設されて間もなくの九八年五月二八日夜、沖縄県硫黄鳥島北西約八二カイリ（約一五二キロメートル）で、日中中間線の日本側排他的経済水域で、具体的には上記×地点西南方海域で、「向陽紅9」号が航走・漂泊を繰り返しながら、船尾からケーブル（エアガン）を投入・揚収して、海底調査と推定される作業を実施した後、二九日早朝中国側海域に去った。巡視船の再三にわたる呼び出しに対して、何の応答もなかった。[39]「向陽紅9」号は九五年五月、九七年一〇月と一一月に、東シナ海のわが国排他的経済水域で、調査活動を実施している。九五年五月の時には、奄美大島の西方海域から尖閣諸島をすっぽり包む広範囲な海域にわたる調査であり、[40]九七年

地図 3　平成 8 年中国海洋調査船調査海域図

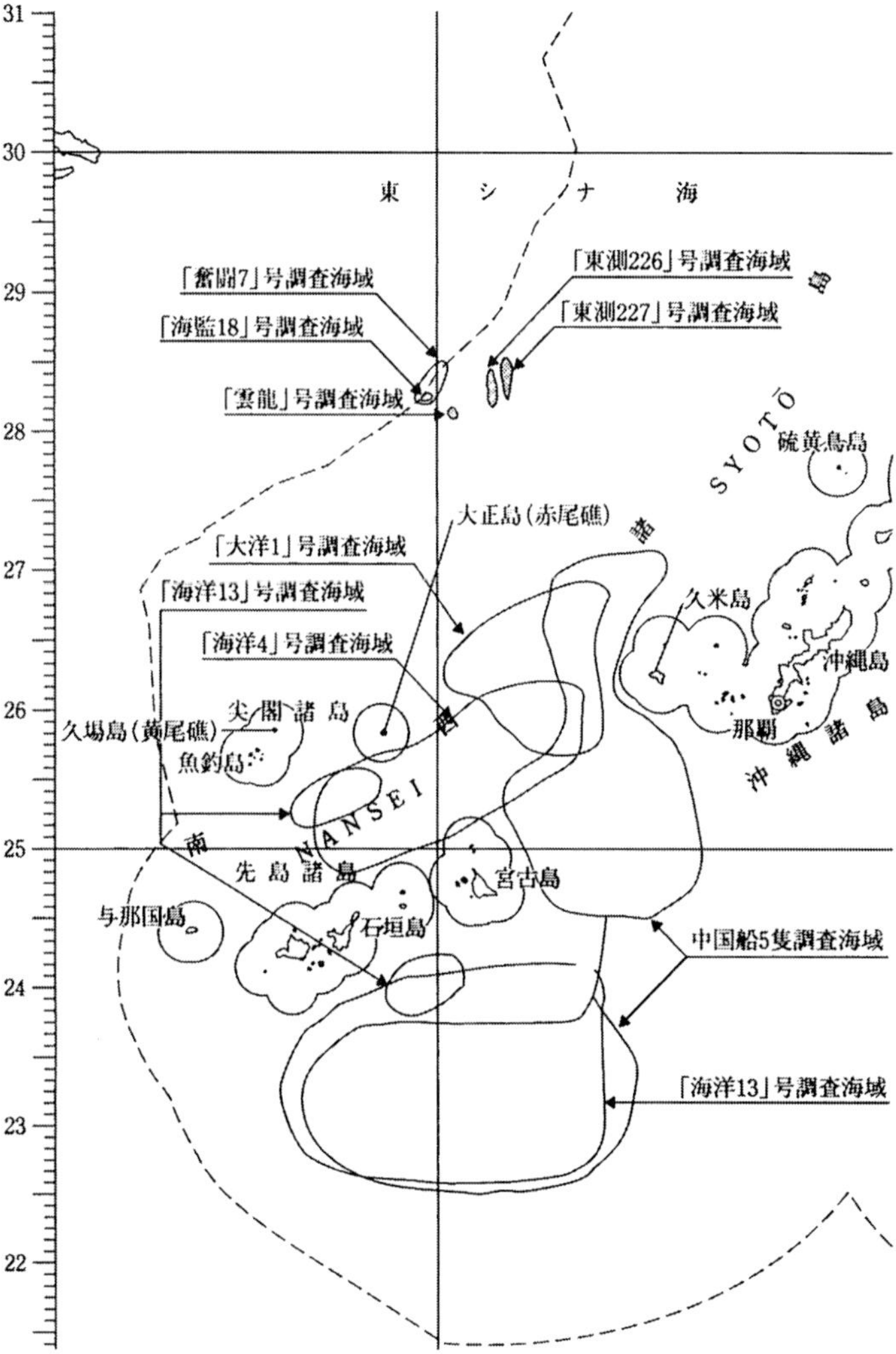

（出所）　海上保安庁作成。

一〇月と一一月には九州の南西海域から尖閣諸島周辺までの広範囲な海域を採泥器・円筒形の観測機器などの投入・揚収、ワイヤーを曳航しながら、航走、漂泊を繰り返した。(41)

ついで九八年六月二三日夕方から二五日夕方にかけて、久米島の西北方約七〇カイリ(約一三〇キロメートル)の排他的経済水域で、ついで二九日夕方から七月九日深夜にかけて、鳥島西北方約八七カイリ(約一六一キロメートル)の排他的経済水域で、「海監49」号(約一〇〇〇トン)が調査活動を実施した。外見上観測機器の曳航などを認めなかったが、二回目には一七回にわたりジグザクに短冊型の反復航行を繰り返した。巡視船の聴取に対して「国家海洋局所属の船であり、調査中」と答え、作業中止の要求に、「公海上であり、本船の海洋調査を中止する権限は(日本政府には―引用者)ない」、また調査終了に当たり、「今回の目的は汚染調査であった」旨の回答があった。(42)

続いて七月二八日午後から、奄美大島の西方約一二〇カイリ(約二二二キロメートル)の海域から、西南方に向かって、「向陽紅9」号が前部右舷クレーンからワイヤーを海中に投入しながら漂泊しているのを航空機が視認した。同船は一旦わが国のレーダーから消滅した後、二九日夕方尖閣諸島・久場島の北方約三〇カイリ(五六キロメートル)の海域で航空機により再視認され、三〇日早朝中国側海域に去った。航空機からの呼び出しに応答しなかった。(43)

「向陽紅9」号が視認された九七年二九日正午近く、奄美大島西方約一四〇カイリ(約二五九キロメートル)の海域で、「海監49」号が短冊型のジクザクの反復航行を繰り返した。(44) 外見上調査作業の実施は認められなかったが、同船は昨年六月から七月にかけて、久米島北西海域で同様の反復航行を

地図 4　平成 9 年中国海洋調査船調査海域図

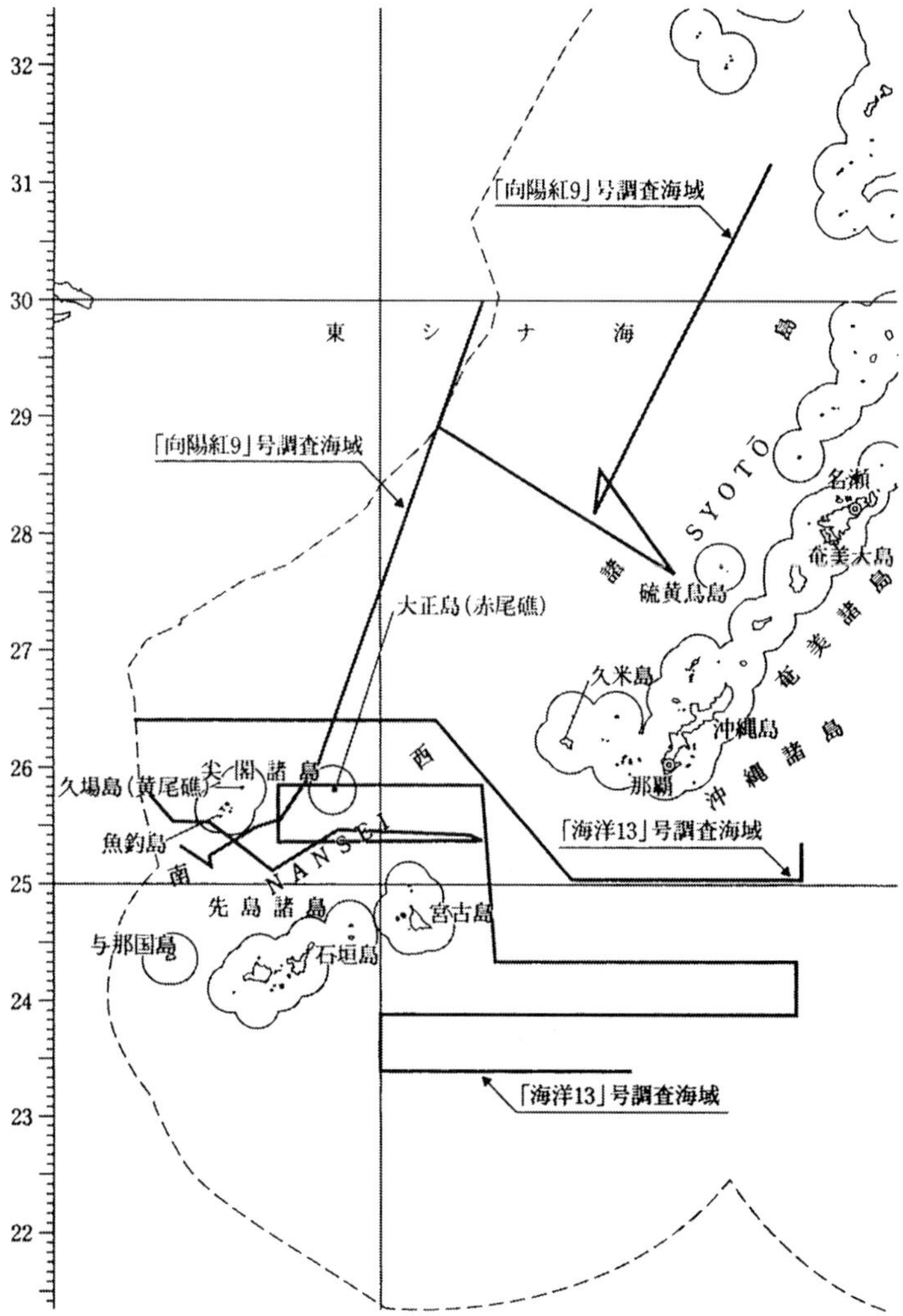

（出所）　海上保安庁作成。

繰り返したことがあり、その時には、「海洋調査中」との回答があったか、今回は呼び出しに一切応答しなかった。(45) 調査船は八月四日午前中国側海域に去ったが、「海洋調査は終了した。中国に向かうが、帰港先は答えられない」と応答した。(46) 八月一一日朝から一七日夕方まで七日間にわたり、「海監49」号が再び奄美大島の西方一四四カイリ（約二六七キロメートル）の海域に現われ、短冊型のジクザグの反復航行を実施した。再三にわたる巡視船の停止要求に対して、一三日ようやく「海洋調査中」と応答したが、中止要求を無視して調査活動を続け、一七日引き上げた。(47)

八月三一日夕方、鳥島の西方約九五カイリ（約一七六キロメートル）の海域から東南方に向けて、「海監49」号が航走した。巡視船の呼び掛けに応じて、「調査を始める。調査は一週間位行なう」と回答があったため、「わが国の排他的経済水域において、わが国の同意をえない海洋調査は認められない」と警告したが、応答はなく調査は続けられ、九月一日午前「荒天のため調査を中止し、中国に帰る」との応答があった。(48) さらに一〇月二七日午後、鹿児島県坊の岬の西方約二〇八カイリ（約三八五キロメートル）の海域で、「海監18」号（約一〇〇〇トン）が南下した後反転して北上し、反復航走を繰り返し、同日夜中国側海域へ去った。外見上曳航物などは認められなかったが、「ここは中国の排他的経済水域であり、海洋調査中である。調査内容についてはいえない」と答えた。(49)

以上の活動から、中国が平湖ガス油田から×地点を含めて日本側海域で、海底石油資源の探査を意図していることはほとんど間違いない。

地図 5　平成10年中国海洋調査船調査海域図

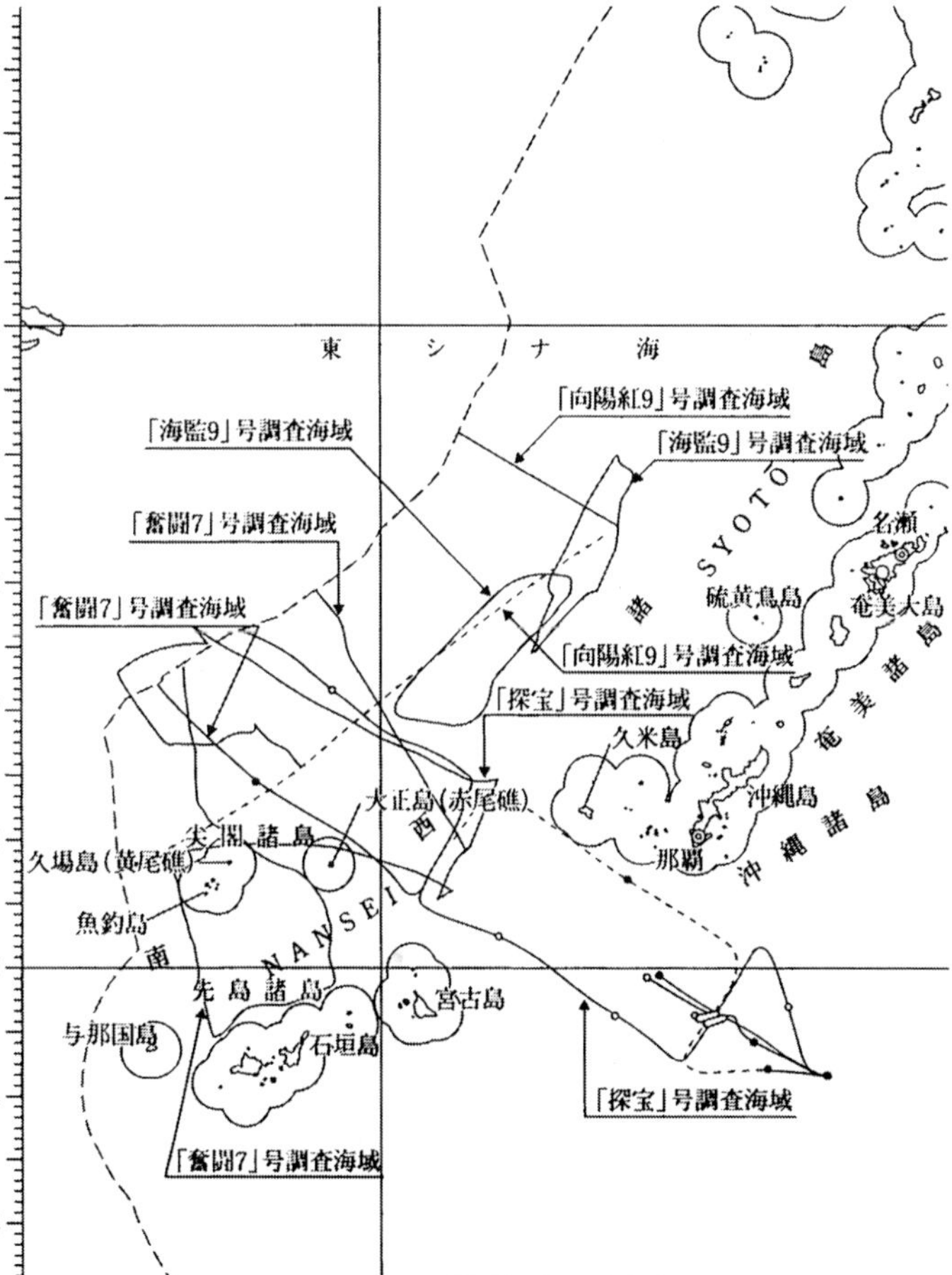

（出所）　海上保安庁作成。

2 「宮古海峡」[50]での潜水艦通航調査

平湖ガス油田に石油採掘プラットフォームが完成してから一ヵ月ばかりを経た一九九八年六月九日から一一日まで、中国の海洋調査船「海洋13」号（二〇〇〇トン）が「宮古海峡」の南方約三〇〇キロメートルの海域に現われ、東から西に航行しながら海洋調査活動を行なった。[51]「海洋13」号は九六年四月～五月四隻の海洋調査船（一〇〇〇トン）とともに、「宮古海峡」を短冊型にジクザグの航行を行ないながら、先端に円筒形の観測機器のついたワイヤーを船尾から垂らし、揚収するなどの海洋調査活動を行なった。[52]「海洋13」号は一年後の九七年四月一六日「宮古海峡」の南方海域に現われ、東西に航走、漂泊しながら北上し、「宮古海峡」を通った後、西行し尖閣諸島海域を帆走しながら、二四日まで前回と同様の海洋調査活動を行なった。[53]これらの海洋調査は、潜水艦が作戦に必要となる水温の分布や海水の成分など音の伝わり方などのデータを収集していると考えられ、わが国の安全保障に関わる調査活動と見る必要がある。そして九八年に、同様の目的と考えられる調査が実施されたが、それは「宮古海峡」だけでなく、東シナ海から太平洋にまで及ぶ広範囲の調査であった。続いて六月九日午後から一一日夜にかけて、「海洋13」号が宮古島南方約一六五カイリ（約三〇六キロメートル）の排他的経済水域で、西方に向かって漂泊・航走ながら、右舷・左舷からワイヤーおよび円筒形の観測機器などを、繰り返し海中に投入したり、揚収したりした。巡視船の再三にわたる要求にもかかわらず、調査作業を中止しなかった。[54]

さらに七月一五日朝、沖縄本島西端の南方約六〇カイリ（約一一一キロメートル）の海域で、「奮闘

7」号が船尾から末端にオレンジ色のブイを付けたワイヤーロープを一本ずつ曳航しながら、東南東に向かい、一六日西に向かって航行した。その後同船はわが国のレーダーから消滅したが、一八日午後久米島と尖閣諸島・大正島の中間の海域で再確認され（その間沖縄本島から久米島の領海線に近い海域を航行したと推定されている）、大正島の北方海域を西北西に航行して、一九日夜中国側海域に去った。再三にわたる作業中止の要求に対して、「海洋調査局の命令がないと、調査を止められない」と回答した。(55) 「奮闘7」号は七月三一日午後再び宮古島西方海域に現われ、船尾からケーブルを曳航しているところから、中止要求を実施したが、「直接中国政府とコンタクトして欲しい」旨の回答があった。八月一日午前ケーブルを揚収し、「中国に帰る」旨応答した。(56) 「奮闘7」号は九五年四月二八日から五月一日にかけて、先島諸島周辺海域から尖閣諸島北方海域で、ケーブルを曳きながら航行しており、巡視船の照会に対して「音波調査中」と答えている。(57) 今回は東シナ海から「宮古海峡」を通って太平洋に通じるかなり広範囲の海域を調査したこと、および警戒船一隻が伴走したのが、これまでと異なる。

それと同じ時期に、「奮闘7」号と対応する形で、「探宝」号（二六〇〇トン）が船尾から末端にオレンジ色のブイを付けたワイヤーロープを一本ずつ曳航しながら海洋調査を実施し、一九日午後中国側海域に去った。中止要求に対して、同様に「海洋調査局の命令がないと、調査を止められない」と回答した。(58) 警戒船一隻が伴走した。続いて七月三一日午後、再び「奮闘7」号が宮古島の北方約四三カイリ（約八〇キロメートル）の海域に現われ、北北西に向かって航行し、八月一日午前ケーブルを揚収した後、針路を西北西に転じ、中国側海域に去った。巡視船に対し、「調査は終了し、上海に帰る」と回答した。[59]

わが国では東シナ海といえば、ともすると尖閣諸島の領有権問題に関心が向けられるが、中国の関心はこの島の領有権ばかりでなく、むしろ東シナ海に広がっている大陸棚にある。そして中国の関心はその大陸棚に埋蔵されている石油資源の開発にあるが、それに留まるものではなく、石油資源の探査・開発を通して東シナ海に対する中国の影響力を行使することにある。地図を広げて見ればわかるように、わが国にとって東シナ海は裏庭であるが、中国にとっては表玄関である。中国が太平洋に出て行くには、東シナ海から「宮古海峡」を通らなければならない。南シナ海からインド洋に出るには、東シナ海から台湾海峡を通らなければならない。鄧小平時代以降の中国は、中国大陸よりも広大な海洋に依拠して生存することを意図している。それとともにシーパワーも成長している。中国の発展にとって東シナ海は重要な位置を占めているのである。中国は東シナ海における海洋資源の開発・利用はもとより、海軍力のプレゼンス、さらには太平洋に進出するための「宮古海峡」の通航を意図している。東シナ海における中国の活動に無関心であってはならない。

九八年五月号の中国の雑誌『航空知識』に、ハリヤー戦闘機に関する興味深い記事が載った。[60]ハリヤー戦闘機は英国が開発した垂直離発着機で、固定翼の飛行機と異なり長い滑走路を必要としない。中国も早くからこの戦闘機に関心を関心を示している。この記事は、ハリヤー戦闘機は航空母艦ばかりでなく、各種の船舶に離発着して、空中防御、対地攻撃、海上目標の探索など機動的に任務を遂行できるとして、タンカー、コンテナー船、錨で固定した大型バージ、海上石油採掘プラットフォームなどをあげている。中国はまた、米国、ロシア、ウクライナ、ノルウェーの四ヵ国が共同で太平洋に設置した海上石油採掘プラットフォームから人工衛星を打ち上げる計画にも強い関心を持っている。[61]

中国軍は八二年に英国がフォークランド島をめぐるアルゼンチンとの戦争で、短時間で一万七〇〇〇トンの客船「ウガンダ」号を輸送船に転換して戦力として投入したこと、コンテナ船でハリヤー戦闘機を輸送したことなどに、早くから注目している。[62] 中国は垂直離発着戦闘機を未だ保有していないから、平湖油田に据え付けられた石油採掘プラットフォームに、垂直離発着戦闘機が発着することはないが、ここを拠点としてヘリコプターが東シナ海に対して活動を拡大することは十分にありうる。

3　尖閣諸島海域の海洋調査と度重なる領海侵犯

中国海洋調査船のわが国排他的経済水域における活動は、一九九六年一五件、九七年四件、九八年は一四件に達し、九六年に次ぐ多さであった。そのうち五回は尖閣諸島の領海内にまで入った。九六年九月四日と一〇月七日、同年七月一四日わが国の政治団体・青年社が尖閣諸島・北小島に灯台を設置したことに抗議した香港と台湾の一部政治勢力が尖閣諸島海域の領海を侵犯し、魚釣島に上陸する出来事が起きたが、この事件の陰で九月二日から三日にかけて「海洋4」号（約三〇〇〇トン）が大正島の南方海域を、短冊型に何回も往復して海洋調査を行ない、その際数回にわたりわが国の領海を侵犯した。[63] 続いて九月八日から九日にかけて「大洋1」号（約三〇〇〇トン）が久場島、ついで大正島の北方海域を西から東に向かって航行し、その際わが国の領海を侵犯した(64)。当時わが国のマスコミの多くは、灯台設置は悪いことであり、中国、香港、台湾が非難するのは当然であるかのような報道ぶりを示し、また香港・台湾の抗議行動、漁船の領海侵犯、魚釣島上陸については大々的に報道したが、中国の海洋調査船の度重なる領海侵犯については、一部の報道機関を除いて報じなかった。

九七年には、中国の海洋調査船の活動は活発でなかったが、四月一六日から二四日にかけて、「海洋13」号が宮古島南東海域から尖閣諸島周辺海域にかけて航走、漂泊を繰り返しながら、円筒形の観測機器を海中に投入・揚収を繰り返し、途中二回にわたって領海内に侵入した(65)。そして九八年には、「奮闘7」号、「探宝」号、「海監18」号の三隻の調査船が尖閣諸島海域に出現し、そのうち「奮闘7」号が領海を侵犯した。

四月二八日午前、「奮闘7号」(約一五〇〇トン)が尖閣諸島・魚釣島の北西約二〇カイリ(約三七キロメートル)のわが国の排他的経済水域に出現し、二本のロープを曳航して南下、二九日先島諸島の領海線ぎりぎりの海域で、調査活動を実施しながら東航した後、水納島北方海域で北上し、三〇日未明から朝にかけて尖閣諸島・大正島の西南方海域で、二回にわたりわが国の領海を侵犯した。さらに同船は西北西に向きを変え、同日夜同・久場島の北方海域で領海を侵犯し、三一日夜中から北上を開始し、中国側海域に去った。活動内容を照会し、「ここは日本の排他的経済水域である。直ちに作業を中止し、西へ航走されたい」との巡視船の要求に対して、同船は「ここは公海上である。音波測量中であるので、本船から三カイリ以内に近づくな」と回答したまま航行を続け、わが国の領海侵犯の際には、「貴船はまもなくわが国の領海に入る。作業を中止し、針路を変更せよ」との再三にわたる警告に対して、「針路を変更できない」と返答し、さらに侵入後においても、「貴船の調査海域は日本の領海内である。直ちに作業を中止して、領海外に退去しなさい」との警告に対して、「間もなく針路を変更する」と回答した。再度の領海侵犯に対する警告に関しては、応答しなかった。(66)

ついで同じ七月二九日夕方から三〇日にかけて、尖閣諸島・大正島の北方約四三カイリ（約八〇キロメートル）の海域で、「探宝」号が漂泊、操縦性能制限船の灯火を掲げ、同海域を六回通過した。外見上海洋調査実施は認められなかったが、三〇日朝右舷中央部から海中に投入していたロープを揚収した際、先端にバケツ風の物体が取り付けられていることが確認された。巡視船の呼び出し・調査活動中止の要求に応答せず、「この海域は日本の排他的経済水域である」旨の通告に対して、英語で「ノー」との回答が一回あっただけであった。なお警戒船と推定される「滬南漁4001」号、「滬南漁4002」号が随伴した。(67)

四　中国の海洋調査の特徴と目的

一九九五年以後の中国の日本周辺海域における調査海域は次の三つの海域であり、それぞれの海域によって海洋調査活動に重要な差異がある。第一に、東シナ海の「日中中間線」のほぼ真ん中の日本側海域で、奄美大島の西方海域に当たる。ここでは地震探査による海底調査が主体で、大陸棚の石油探査が実施され、同時に同海域の海底、海中の調査が行なわれていると推定される。第二に、東シナ海から「宮古海峡」を通って太平洋に至る海域の調査で、円筒形の観測機器などを海中に投入したり、揚収したりする動作を繰り返しているところから、海域の水の温度、塩分成分の分析などにより、船舶、とくに潜水艦の航行、あるいは対潜水艦作戦に必要な情報の収集を行なっていると推定される。第三に、尖閣諸島の周辺海域の調査である。同海域は東シナ海大陸棚で最も石油開発が有望とみられている地点であり、石油探査のための地震探査が実施されていると推定されているが、他方「宮古海峡」と同様に、将来における潜水艦作戦のための情報収集と推定される。

また一度に数隻の調査船が同じ時期にわが国の周辺海域で調査活動を行なっていることが何回が起きている。今後こうした海洋調査活動は一層積極的に実施されると考えられるが、こうした海洋調査活動について、わが国政府は積極的に国民に知らせようとしていないし、またマスコミはいつものことながら、ほとんど何も報道していない。

中国は早くから国家戦略として一貫して海洋戦略を推進し、中国周辺の海域に進出してきている。九二年三月の「中華人民共和国領海および接続水域法」に続いて[68]、九八年六月二六日には、「中華人民共和国専管経済区および大陸棚法」が制定された[69]。中国大陸周辺海域での資源開発・経済活動などを保護するための法律であり、九六年に批准した「国連海洋法条約」に依拠して制定された。同法は第二条で、「中華人民共和国の大陸棚は、中華人民共和国の領海の外で、本国陸地領土からの自然延長のすべてであり、大陸縁辺外縁の海底区域の海床・底土まで延びている」と規定して、「大陸棚自然延長」の原則を確認している。大陸棚石油開発を支援する法整備が整えられている。また海洋資源・漁業資源の開発・利用、河口港湾施設の建設・管理、海洋汚染の観測・管理などに役立てる目的から、海洋衛星を打ち上げる計画を進めている(70)。

これに対してわが国は、これまで国家の主権に関わる領土問題を厄介な問題として先送りし、問題が起きると、その国との友好関係が重要であるとの理由から領土問題の解決を避けてきた。そればかりか日本政府は中国、韓国との漁業交渉において、北方領土にならって、尖閣諸島、竹島に関して「領土問題と漁業問題を切り離して、漁業交渉だけを進める」との消極的な態度をとった。国連海洋法条約と同時に提出された一連の関連法案のなかには、水産資源、海洋汚染などに関する法律はあるが、大陸棚の資源開発に関する法案はない(71)。

わが国は東シナ海の日本側大陸棚の資源開発・利用に対する権利を持っている。六九年に国連極東経済委員会による同大陸棚調査で石油資源の埋蔵が公表されたため、東シナ海の中間線日本側大陸棚には、六〇年代末にわが国の石油開発企業四社が鉱区を設定し先願権をえているが、日本政府が許可しないため初歩的な調査も実施できないまま今日にいたっている(72)。わが国政府は中国との面倒な政治問題に関わりたくないとの考えのようであるが、沖縄県の約三〇余万世帯が毎日台所で使う熱量は一日二世帯で一立方メートルである(73)。先に述べたように、「平湖石油ガス田」の天然ガスの日量は約一四〇万立方メートルで、一五万世帯が一五年間使用できると公表されている。それ故「平湖」級の油井一本で、わが国の九州から南西諸島にかけての地域の家庭燃料を十分に賄うことができる。日本側大陸棚全体の開発利用となれば、さらにこの地域の開発に寄与するところは大きいであろう。

「平湖石油ガス田」の採掘施設は僅か一週間で組み立てた。将来中国が日本側海域で試掘や採掘施設の建造に着手した時、日本政府はどうするのか。その日はいずれ来る。試掘施設や採掘施設は大きな施設であるから、完成してしまうと取り除くことは簡単ではない。排他的経済水域・大陸棚の問題は、日本の主権的権利を侵す国から国益を守るために、日本政府が主権国家としての権利を行使できるかどうかにある。二〇〇カイリ設定に対応する国家としての姿勢が整備されていないところに、有事を考えない日本国家の現実が現われている。

註

(1)「平湖油気田海上工程建設全面展開」『中国海洋石油報』一九九八年四月二二日、「平湖油気田生活模塊交工」同年五月一日。
(2) 拙著『中国の海洋戦略』(一九九三年、勁草書房)一〇四〜一〇九頁。
(3)「海上石油ガス採掘・加工が上海の新興産業に」『中国通信』一九九四年八月一一日。
(4) 前掲「海上石油ガス採掘・加工が上海の新興産業に」。後に中国新星石油公司が国務院地質鉱産部に代わった。「平湖油気田原油投産、中国海洋石油総公司為油田作業者」『中国海洋石油報』一九九八年一一月二七日。
(5)「平湖油気田海上工程基本設計提前完成」『中国海洋石油報』一九九四年九月二九日。
(6)「平湖油気田海上工程開工」『中国海洋石油報』一九九六年一一月二一日。「南海6号平台、平湖鑽井受賛誉」同一二月二八日も参照。
(7)「平湖油気田建設進展順利」『中国海洋石油報』一九九八年一〇月二八日、「平湖油気田要於今年一二月投産」同九月二三日。

（8）前掲「平湖油気田海上工程建設全面展開」。
（9）「平湖油気田建設招標、我国海上自営油田規模最大的処理平台、由韓国現代重工業公司中標建造」『中国海洋石油報』一九九六年七月二〇日、「中国国際海洋石油工程公司与江南廠聯手中標平湖生活模塊」同九七年三月一四日。
（10）「平湖油気田海上平台、提前実現機械完工」『中国海洋石油報』一九九八年七月八日。
（11）「平湖油気田海底管線開始鋪設」『中国海洋石油報』一九九七年一一月五日、「平湖油気田建設正点進行、海管涂敷工開工」同八月一三日。
（12）「岱山原油中転站投産」『中国海洋石油報』九九年一月八日。
（13）前掲「平湖油気田海上平台、提前実現機械完工」。
（14）「平湖油気田通過作業投産双認証」『中国海洋石油報』一九九七年一一月一八日。
（15）「東海油気田開発獲人支持」『中国海洋石油報』一九九六年九月二四日。
（16）「確保平湖項目建設順利進行」『中国海洋石油報』一九九六年九月五日、「九八年から上海で天然ガス使用、東中国海の石油ガス田が供給」『中国通信』一九九六年八月一四日。
（17）「平湖油気田原油投産、中国海洋石油総公司為油田作業者」『中国海洋石油報』一九九八年一一月二七日。
（18）「東シナ海最大の石油・ガス田発見」『新華社』二〇〇〇年二月三日（『中国通信』二月七日）。
（19）「我東海油気探査又伝捷報、春暁一井特高産油気流」『中国海洋報』一九九五年八月一日、「東中国海で高生産の油井掘削」『新華社』一九九五年七月二四日（『中国通信』七月二八日）。
（20）（21）「東中国海が新興の海底石油ガス田基地に」『新華社』一九九六年九月三〇日（『中国通信』一〇月三日）。
（22）「東海地区成中国海洋石油勘探開発重点」『中国海洋報』二〇〇〇年四月一一日。
（23）西湖、紹興、平湖（上海市の南に隣接）の地名から分かるように（春暁は不明）この海域には中国の浙江省の地名が付けられている。そのことはこの海域が浙江省の陸続きであることを示すことを意図している。
（24）「我東海油気探査又伝捷報、春暁一井特高産油気流」『中国海洋報』一九九五年八月一日、「東中国海で高生産の油井掘削」『新華社』一九九五年七月二四日（『中国通信』七月二八日）。

(25)「東海地区成中国海洋石油勘探開発重点」『中国海洋報』二〇〇〇年四月一一日および前掲「東シナ海で石油ガス資源の大規模開発始まる」。
(26)「東海油気：浙江的希望所在」『中国海洋報』二〇〇〇年四月四日。
(27)寧波については、「東海春暁油気有望在寧波登陸」『中国海洋報』一九九九年二〇日を参照。
(28)「東海中南部油気田天然気開発啓動在即、専家評審温州西湾上岸基地選址条件得天独厚」『中国海洋報』一九九九年二月一二日。
(29)前掲拙著『中国の海洋戦略』（一九九三年、勁草書房）、および拙著『続中国の海洋戦略』（一九九七年、勁草書房）に収録した論文。
(30)前掲拙著『中国の海洋戦略』五頁、および前掲拙著『続中国の海洋戦略』一二〇～一二三頁を参照されたい。
(31)著者が同社より直接えた情報である。
(32)セリグ・ハリソン著、中原伸之訳『中国の石油戦略』（昭和五三年、日本経済新聞社）口絵図4。前掲拙著『中国の海洋戦略』に収録してある。
(33)いずれも前掲拙著『続中国の海洋戦略』一三九～一四五頁。
(34)前掲拙著『続中国の海洋戦略』一五一頁。
(35)「中法合作東海地質調査、在滬挙行隆重首航儀式」『中国海洋報』一九九六年四月二六日。
(36)沖縄テレビ放送の照屋健吉記者の証言による。
(37)「中法攜手研究発現、蘭嶼地震潜蔵発生大海嘯危機、台湾地震頻率可能大増」『聯合報』一九九六年六月二三日、「与那国島周辺海域資源調査か科学調査か、残る不透明さ」『産経新聞』一九九六年五月二七日。
(38)「中国海洋調査船の状況」（海上保安庁、平成八年）。
(39)「わが国排他的経済水域における中国海洋調査船の活動の現認について」（海上保安庁、平成一〇年五月二九日）。
(40)「沖縄近海における外国海洋調査船について」（海上保安庁、平成八年五月二日）。
(41)「わが国排他的経済水域における中国海洋調査船の活動の現認について」（海上保安庁、平成九年一〇月一九日、二〇日、二一日)。
(42) 同(平成一〇年六月二三日、二六日、三〇日、七月九日)。
(43) 同(平成一〇年七月三〇日)。
(44) 同(平成一〇年七月三〇日、三一日、八月二日)。
(45) 同(平成一〇年八月四日)。
(46) 同(平成一〇年八月四日)。
(47) 同(平成一〇年八月一一日、一七日)。
(48) 同(平成一〇年九月一日、一七日)。
(49) 同(平成一〇年一〇月二七日、三一日)。
(50) 「宮古海峡」とは、沖縄本島と宮古島の間の海域を指す。著者が『東亜』に掲載した本章の元の論文を読んだある読者より手紙があり、宮古海峡という海峡はない、どこを指すのかとの質問があった。もっともな質問で、宮古海峡という海峡はないが、著者はかつてソ連の軍艦が対馬海峡、津軽海峡、宗谷海峡を通ったように、中国の軍艦が遠くない将来沖縄本島と宮古島の間の海域を通って、東シナ海から太平洋に出て行くことになるであろう、という意味で宮古海峡という言葉を使ったと返信した。それを機会に、誤解を避けるために、「宮古海峡」という表現を使うことにした。
(51) 「わが国排他的経済水域における中国海洋調査船の活動の現認について」(海上保安庁、平成一〇年六月九日、一二日)。
(52) 「沖縄近海における外国海洋調査船について」(海上保安庁、平成八年五月二一日)。
(53) 「わが国排他的経済水域における中国海洋調査船の活動の現認について」(海上保安庁、平成九年四月一七日、二四日、五月一日)。
(54) 同(平成一〇年六月九日、一二日)。
(55) 同(平成一〇年七月一五日、一九日)。
(56) 同(平成一〇年七月三一日、八月二日)。
(57) 同(平成一〇年四月二八日、三〇日、五月一日)。

(58) 同（平成一〇年七月一五日、一九日）。
(59) 同（平成一〇年七月三一日、八月二日）。
(60) 「〝鷂〟（Harrier）II Plus 攻撃機」『航空知識』一九九八年五月期挿図四～五頁
(61) 『海上発射公司』将首次従海上平台進行衛星発射試験」『中国海洋報』九六年八月二三日、九七年一月二四日、「従海上発射衛星」『現代艦船』九八年第四期五～七頁、「衛星従海上昇空」『中国海洋報』九八年一〇月九日。
(62) 拙著『甦る中国海軍』（一九九一年、勁草書房）一七三頁。
(63) 「尖閣周辺海域における中国海洋調査船の領海侵犯について」（海上保安庁、平成八年九月三日）。
(64) 「わが国排他的経済水域における中国海洋調査船の海洋調査活動について」（海上保安庁、平成八年九月九日）。
(65) 「わが国排他的経済水域における中国海洋調査船の海洋調査活動の視認について」（海上保安庁、平成九年四月一七日）。
(66) 「わが国排他的経済水域における中国海洋調査船の活動の視認について」（海上保安庁、平成一〇年四月三〇日、五月一日）。
(67) 同（平成一〇年七月三〇日、三一日）。
(68) 「中華人民共和国領海及毗連区法」『人民日報』一九九二年二月二六日。
(69) 「中華人民共和国専属経済区和大陸架法」『中国海洋報』一九九八年六月三〇日。
(70) 「我国将発射第一顆海洋衛星」『中国海洋報』一九九七年八月二二日。
(71) 本書第五章「四」を参照。
(72) 前掲拙著『続中国の海洋戦略』一二四頁以下。
(73) 沖縄テレビ放送の照屋記者の教示による。

第五章　「事前通報」による中国の海洋調査活動

二〇〇一年年四月上旬から七月末までの四ヵ月間に、東シナ海・日中中間線の日本側海域で、中国の一三隻の海洋調査船が海洋調査活動を行なった。これらの調査活動は、それまでの海洋調査活動がわが国政府の許可を得ることなく行なわれた調査であったのに対して、同年二月、わが国政府と中国政府との間で取り交わされた「口上書」（後述）に基づいて、中国政府が調査活動を事前に通報し、わが国の外務省がそれを許可したものであると外務省は説明している。だがボーリングを行なったり、エアガンを使うなど、資源調査を行なっていると見られ、日中で合意した「海洋の科学的調査」の範疇を外れていると考えられる活動を実施している疑いがあったり、事前通報がないまま実施されたもの、事前通報をしてもわが国政府の許可が下りないうちに調査を始めてしまったもの、あるいは調査期間や内容を勝手に変更したもの、さらには調査海域にわが国の領海を含めているものなどがあり、わが国の外務省の対応に重大な問題が続出しており、事前通報制度そのもののあり方が問われている。

以下においては、「口上書」に基づいて、二〇〇一年四月から七月末までに実施された中国の海洋調査船による調査活動の実態を明らかにし、その後で何故そのような無法状態が生まれたのか、事前通報制度が生まれるに至った経緯を探ることにする。

一　無法状態の中国の海洋調査活動

1　事前通報による海洋調査活動の実態

中国政府からの事前通報は二〇〇一年七月末までに一三件、二月一六日、二月二二日、三月二三日、四月二七日、五月二九日の五回にわたって行なわれ、合計一三隻の海洋調査船が参加した(1)。事前通報のない調査は一件、一隻であるが、事前通報の内容にも重大な問題があり、一三隻の海洋調査船のうち通報通りの内容で実施された調査はほとんどないと言ってよく、事前通報制度は始めた段階から、中国自身によって形骸化されたと言ってよい。

最初に通報のあった「海監18」号、「海監72」号、「海監49」号、「大洋1」号の四隻のうち、「海監18」号と「海監72」号は、二ヵ月前に事前通報するとの「口上書」の規定を無視して、三月一五日～六月二〇日の期間に、海洋気象観測を実施することを通報してきたばかりか、五月二九日に海域の拡大および調査期間の変更（五月二三日～七月三一日）を通報、さらに六月二〇日に「海監18」号は海域の拡大、「海監72」号は海域の拡大および期間の変更（七月三一日～八月二〇日）を通知してきた。「海監49」号は三月二〇日～四月二〇日の調査期間に海洋気象観測を実施するとの事前通報に対して、五月二九日に海域の拡大および調査期間の変更（五月二三日～七月三一日）、六月二〇日に海域の拡大を通知してきた。これら三隻の調査海域には、わが国の領土である硫黄鳥島の領海が含まれていた。「大洋1」号は四月二〇日～五月一五日に調査期間に海洋気象観測を実施するとの事前通報に対して、調査直前の四月三〇日に期間を五月八日から六月四日に変更するとの通知があった。調査の対象海域については地図6を参照されたい。

二回目に事前通報があった調査船は、「実践」号（三月一五日～二八日）、「興業」号（三月二〇日～八月三一日）、「勘407」号（四月一日～一五日）、「奮闘7」号（四月一日～五月一五日）の四隻で、事前通報の時期がいずれも二ヵ月前という規定を守っていない点は、第一回と同じである。また「実践」号は直前の三月一三日に「海監52」号に変更され、「奮闘7」号は三月一九日に海域の縮小および調査期間の変更（五月二〇日～六月二〇日）があった。「実践」号と「海監52」号の調査海域はわが国の領土である尖閣諸島の久場島（黄尾礁）と大正島（赤尾礁）の領海を含んでおり、「奮闘7」号は調査海域にわが国の領土である尖閣諸島の久場島と大正島、久米島、硫黄鳥島、横当島の領海を含んでいた。なによりも注目したい点は、最初の調査船の調査内容が気象観測であったのに対して、それ以後温度・塩分・海流観測、水深海底地形調査、海底地質調査、地質構造調査と、「科学的調査」の範疇を外れた資源調査あるいは軍事調査を目的としていると思われる内容の調査に変わっていることである。特にそれまで東シナ海の日本側海域で何回も不法な調査活動を行なってきた「奮闘7」号は、「口上書」にエアガンの使用を明記していた。

三回目、四回目、五回目の事前通報による海洋調査を行なった調査船はそれぞれ「科学1」号（五

地図 6　「事前通報」による中国調査船の調査海域

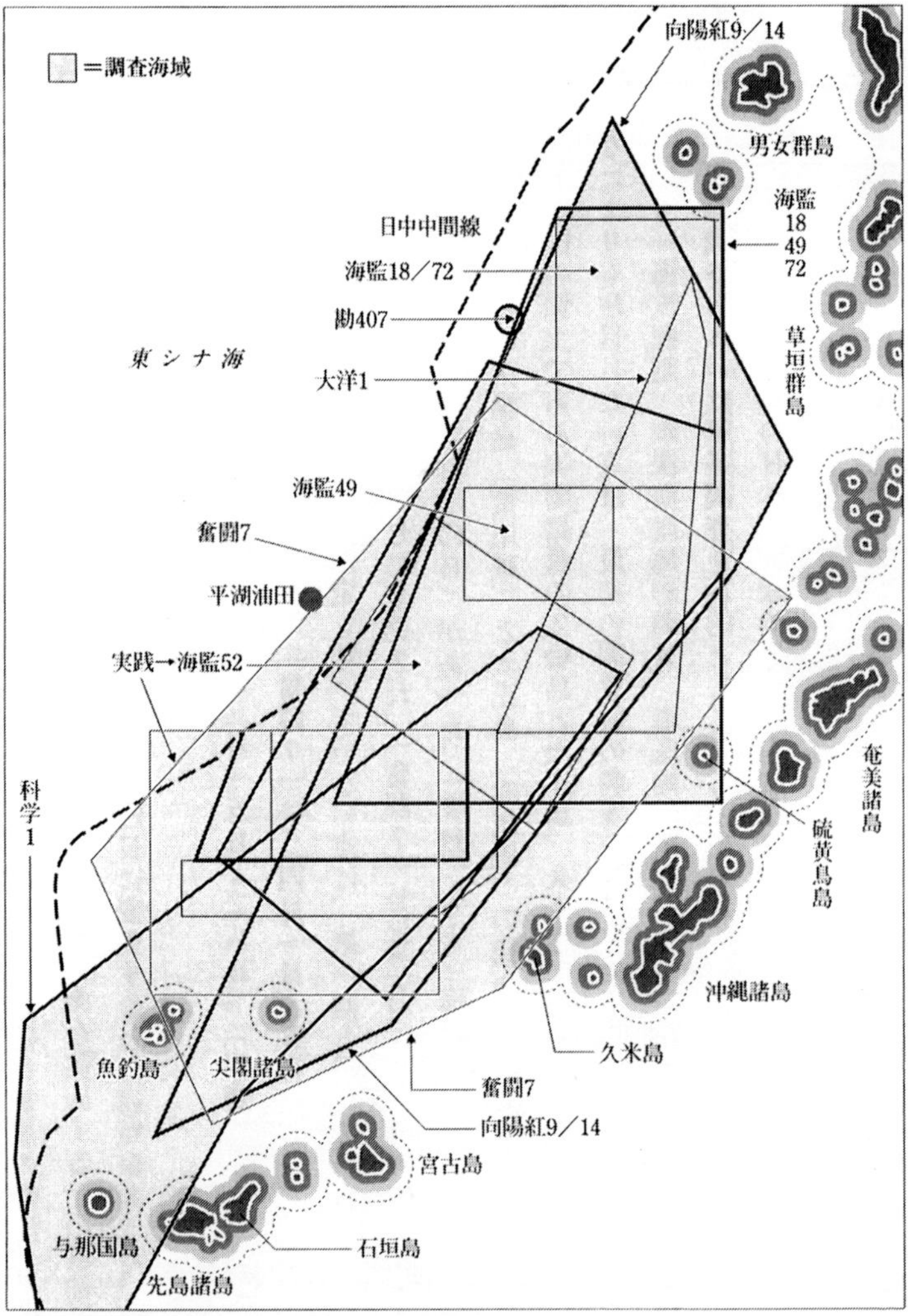

（出所）　中華人民共和国外交部の日本国駐華大使館宛「口上書」より作成。

月二五日～七月二四日）、「向陽紅9」号と「向陽紅14」号（七月一日～八月三〇日）、「海監52」号（八月一日～九月一〇日）で、期間その他の変更はなかったが、目的は地震測量、海洋環境調査、温度・塩分・海流観測など地震探査と資源探査などを目的とする調査であることに加えて、「科学1」号、「向陽紅9」号、「向陽紅14」号は調査海域に尖閣諸島の領海を包摂していた。なかでも「科学1」号の調査海域は、尖閣諸島全域から対象海域の東シナ海を越えて、西表島の西端を通って、与那国島などの領海を含めて同島の南方海域までを包摂していた。（地図6参照）これら三件の調査活動に直ちに「同意」が与えられず、「同意」が与えられたのは、「向陽紅9」号と「向陽紅14」号が六月二九日、「海監52」号が七月三〇日と一ヵ月程度の時間を要した背景には、このような問題があったからと推測される。(2)

事前通報がなかった海洋調査船は「奮闘4」号で、存在期間は七月八日～七月一〇日であった。

以上から次のような実態が明らかになる。第一に、中国の海洋調査活動海域は地図6が示すように、東シナ海の日本側海域の全域に及んでいるばかりか、日本側海域に点在するわが国の領土である尖閣諸島をはじめとするいくつかの島嶼の領海を包摂している。さらに一部の調査（「科学1」号）では、東シナ海の対象海域を越えて、先島諸島および同諸島の太平洋海域にまで及んでいるばかりか、ケーブル（エアガン？）を引きながら、宮古島東南東海域から先島諸島の太平洋海域に沿って航走した後、北上して与那国島の西側海域を通過した（地図6参照）。

次に調査内容については、海底地質調査、地質構造調査、地震測量などの資源調査ばかりでなく、温度・塩分・海流観測、水深海底地形調査など潜水艦の航行に関連した調査が実施されていて、「科学的な調査」の範疇を逸脱していると推定される。特にエアガンを使用している調査が地震探査を行なっていることは確実であり、また「勘407」号は一日ではあったが、地質ボーリングを行なった。それらの調査を実施した調査船は国土資源部所属の調査船であるから、目的が資源探査にあったことはほとんど間違いない。外見上特異な活動をしているようには見えない調査船でも、重力探査・磁力探査などを行なったと推定される。海洋調査の対象海域の海底の広範な部分は大陸棚であり、中国の海洋調査活動が資源探査を意図していることは、これらの海洋調査船が搭載している観測機器からも裏付けられる。あるいは「口上書」に記載されていなくても、過去における東シナ海での調査活動から、資源探査を実施したと推定される。

第三に、調査の主要な目的は次の三点にあると推測される。

①沖縄トラフに重点がおかれているところから、東シナ海の大陸棚は沖縄トラフで終わっているとの中国側の立場を裏付ける調査を実施している。調査活動を行なった艦船のなかに、「大洋1」号と「科学1」号が参加していることは注目に値する。「大洋1」号は中部太平洋で多金属団塊の調査を行なっている艦船で（本書第八章参照）、「口上書」には「遠洋科学調査前の艦船および機器設備の試験」と書かれているが、その調査海域が沖縄トラフをすっぽり包摂していること、「科学1」号は調査内容に「大洋底掘削計画（ODP）の一部」[3]と記載されているように、大陸棚の本格的な掘削を目的としていること、調査海域が沖縄トラフから尖閣諸島を含めて、先島諸島の西端をかすめて与那国島の

南方海域まで包摂していること、などはそれを裏付けている。「大洋1」号と「科学1」号は、その目的から考えて、かなり高度の観測機器を装備していると見られる。

②日本側海域の大陸棚に平湖油田に次ぐ石油鉱脈を探している。

③全体として東シナ海における潜水艦の航行のための調査を実施している。この調査は二〇〇一年七月に、わが国の種子島東南から小笠原諸島に近い広大な太平洋海域で、中国海軍の情報収集艦「塩冰」が約一ヵ月にわたって、海洋調査を実施したことと関連している(本書終章参照)。この海域は水深四〇〇〇メートルの深海であり、原子力潜水艦の航行のための調査を実施したことは間違いない。

このように中国の海洋調査活動は、両国政府が「口上書」で合意した「科学調査」の範疇を越えて、資源探査や軍事目的の調査にまで及んでいると考えられ、わが国の権益が侵害されていることになるが、わが国の外務省は「科学的調査」であるから問題とならないと説明している。(4) 他方わが国の海上保安庁関係者は、こうした調査活動は「口上書」交換以前の活動と変わるものではないと説明している。(5) そのことは、海洋調査活動を行なっている中国の海洋調査船のほとんどが、「口上書」に基づく海洋調査が実施される以前の時期に海洋調査活動を行なった調査船であることから裏付けられる(本書第四章参照)。事前通報制度の導入により「合法的調査」になり、中国の海洋調査活動に日本政府が「御墨付き」を与えることになったということができる。

2 調査すらできない日本の石油企業

中国の海洋調査船が活動している東シナ海の日本側海域の大陸棚では、三〇年ばかり前に、わが国の四つの石油企業が鉱区を設定して調査を申請したにもかかわらず、日本政府は未だに認可していない。(6) その海域で、中国の海洋調査船が日本政府の「お墨付き」で堂々と調査を始めている。これは日本政府の「売国行為」と言わざるをえない。

このような「売国行為」はこの時に始まるものではなく、九〇年代中葉以降毎年繰り返されてきた。それ故「口上書」による事前通報制度が作られても、中国側の海洋調査活動が変わらずに実施されるであろうことは、これまでの事例から十分に予想できた。この数年来、中国の海洋調査船が東シナ海・日中中間線の日本側海域で、日本政府の抗議、活動中止命令を無視して海洋活動を実施していることは、著者がしばしば指摘してきたところであるが、中国の海洋調査船が初めてわが国の海域に入って海洋調査活動を実施したのは、わが国が海洋法条約を批准して日中中間線を公式に設定する前年の九五年である。

同年五月中旬から六月初頭にかけて、中国の海洋調査船「向陽紅9」号がわが国の南西諸島の奄美大島から尖閣諸島にかけての海域で、エアガンのケーブルを曳航しながら反復航行した。また同年一二月初頭から中国の石油掘削リグ「勘探3」号が中間線より五七〇メートル日本側に入った海域に錨泊し、翌九六年二月中旬までわが国政府の探査中止の要求にも関わらず作業を続けるという事態が発生した。(7)

この二つの出来事はわが国政府によって公表されることなく、したがってマスコミで報道されることもなかったが、同年一二月の参議院外務委員会で武見敬三議員によって取り上げられ、翌日の『産経新聞』で大きく報道されたところから初めて国民の知るところとなった。その際坂正直海上保安庁警備救難部長は、エアガンのケーブルを曳航しながら反復航行した「活動情況から資源探査と認められる」と答弁したのに対して、加藤良三アジア局長は「わが方からの（活動中止の）申し入れに対して、中国側から本件調査は一般的な科学調査であるとの趣旨の回答があった」ことを明らかにし、「一般論ではあるが」と断った上で、「大陸棚を対象としない科学調査であれば、その上部水域は公海であるから、そのような調査にわが国の管轄権は及ばない」と答えている(8)（傍点は引用者）。

先に書いたようにこの海域ではわが国の石油企業四社が早くから鉱区開発のための先願権を獲得しているが、試掘権、採掘権を申請していながら、未だに認可されていない。「こういう情況は非常に理解し難いことで、国内企業に対して同海域の地質調査を認めないで、事前の了解もなく中国船籍の海洋調査船が来て同海域で調査するのを事実上受け入れているように思われる対応をとるのはいがなものか」との武見議員の質問に対して、加藤局長は「そのような対応の仕方をとっているとは考えていない」と答えた(9)。

なお委員会では時間の関係で石油掘削リグにまで議論が及ばなかったのは残念であった。その後、九六年七月二〇日にわが国が海洋法条約を批准し、それに従って東シナ海に日中中間線を設定して、わが国の排他的経済水域および大陸棚を設定したにもかかわらず、中国の海洋調査船はその日本側海域で、わが政府の活動中止の要求を無視し、ある時には「この海域は公海である」とか、またある時には「中国の海域である」と主張して、各種の海洋調査活動を行なっており、その活動は年を重ねるにつれて激しくなってきた。

二　事前通報制度の枠組み作り

東シナ海・日中中間線の日本側海域における中国の海洋調査船の活動は、九六年が一五回、九七年四回、九八年一四回、九九年三〇回に達したばかりか、軍艦まで出現するようになり、さらに二〇〇〇年には八月初頭で一七回に達した。(10) だがわが国の外務省がこの問題に関心を向けるようになった契機は、中国海軍の情報収集船「塩冰」が、対馬海峡、津軽海峡を通って、本州の太平洋沿いに南下し、犬吠埼沖で情報収集活動を行なったりして、日本を一周したことであった。(11) この事態は、日本政府・自民党に衝撃を与え、折から問題となりつつあったわが国の対中ODA援助の見直しを背景に、わが国外務省はようやく重い腰をあげて、中国政府と交渉した結果、二〇〇〇年二月の「口上書」の交換となった。

1　北京での日中安保対話

二〇〇〇年六月一九日北京で開催された中国との第七回安全保障対話で、日本側は、「排他的経済水域での海洋調査は日本の同意を必要とする」と申し入れ、懸念を表明するとともに、「調査前に日本の同意を得るよう求めた」ことに対して、中国側は「一部境界線を跨ぐものもあるが、一般的には日本が管轄権を持つ海域では活動していない」と述べて、中間線の考え方を否定する立場を確認した後、「中国側は責任ある態度をとっているが、日本の申し入れも重視する」[12]と述べ、「日中が相互通報するのであれば、賛成だ。具体的にどうするかは今後相談したい」と応じた。

2 北京での外相会談

この問題は二〇〇〇年七月のバンコクで開催された一連のASEAN会議に出席した日中外相の間で行なわれた会談、ついで八月二八日北京で開催された日中外相定例会談の主要な議題の一つとなった。わが国国内ではわが国の対中ODA援助の見直しを求める動きが自民党内部から出始めていたこともあって[13]、日本国内の中国に対する厳しい視線を「予想以上にはっきり言った」という日本政府筋の説明にもかかわらず、突っ込んだ議論は行なわれなかったようであるが、事前通報制度作成への一歩となった。

会談では、河野外相が「中国の海洋調査船が日本の排他的経済水域などで事前の連絡もなく調査をするのは問題だ。中国側から何の説明もないことは不満だ」と述べたのに対して、唐部長は「相互通報の枠組みを作っていきたい。両国間の事務協議をしたい」と答えた[14]。

日本の報道では伝えられていないようであるが、中国側の報道によれば、唐外交部長はこの会談で、

「中国の科学調査船が東海の中日係争水域で活動していることに関して、中国側の原則的立場を説明した」と次のように報道している。「中日両国は東海の境界画定問題でまだ共通の認識に達しておらず、現在の問題の核心はここにある。中国が国際法と国際慣例に基づき、関係水域で科学調査活動を行なうのは、完全に正常なことである。」(傍点は引用者) 相互通報については、「それぞれの側の自主的な行為であり、東シナ海の境界線問題における中国側の東海境界画定問題での立場に影響するものではない」としている(15)。

日本側が「海洋調査船」あるいは「海洋調査活動」という言葉を使っているのに対して、中国側は「科学調査船」あるいは「科学調査活動」という言葉を使っている。同じ調査について、日中の見方は異なっている。上記参議院外務委員会における加藤アジア局長の答弁にもあるように、おそらく中国側は当初から一貫して、「海洋調査活動」ではなく「科学調査活動」という言葉を使用していると思われる。また日本側が「日中中間線の日本側海域」としているのに対して、中国側は「係争水域」あるいは「関係水域」としている。特に「それぞれの側の自主的な行為であり、東シナ海の境界線問題における中国側の東海境界画定問題での立場に影響するものではない」としている条りは、海洋調査活動に関わりなく、東シナ海は「中国の海」であることに変わりはないとの立場を確認した言葉として重要な意味を持っていた。

3 朱鎔基首相の日本訪問

二〇〇〇年八月三〇日、朱鎔基首相は河野外相と会談した際、「敵意を持ってやっているつもりはなかった。国際法に合致している行動で、日本に不安や反感を引き起こすとは思いもしなかった。事前通報制度の創設など適切な措置が取れた。双方に悪意がない場合でも、悪意ととられることがある。よく連絡をとって理解を深めたい」と説明し、西部開発など中国の大規模プロジェクトへの日本の経済協力に期待を表明したと言う。(16)

九月一五日北京で、相互事前通報の枠組み作りについて話し合う初の日中事務レベル協議が開催され、双方は交渉の加速が必要との認識で一致した。また①事前通報は排他的経済水域境界画定における双方の立場に影響を与えない、②事前通報の目的は相互信頼の増進、とする基本姿勢を確認した。事前通報の具体策については、双方が通報方法、内容、期限、通報が必要な海域などに関する自国の基本的立場を提示し、これを受けて調査の実施機関などとの間で国内調整を進めることになった。(17)

朱首相の日本訪問を前にした九月二五日、両国政府は事前準備のための外交当局間協議を開いた。日本側は「枠組みが合意されるまで、調査船の活動は自制して欲しい」と改めて要請し、中国側は「枠組みを作る方向で努力することでは一致しているので、事務レベルの協議を進展させたい」と答えた。(18) 一〇月一二日訪日した朱首相との会談はこの合意に従って行なわれた。森首相は海洋調査活動について自制を求めるとともに、相互事前通報制度の枠組み作りのための協議を促進する考えを表明し、他方朱首相は、「境界画定が行なわれていないことが主な原因で、日本に悪意を持ってやってい

るわけではない。通報制度は事務当局を督促し、合意点に達したい」との立場を繰り返した。(19)

三　日本政府「お墨付き」の海洋調査

1　事前通報の内容と問題点

二〇〇一年二月一三日付け外務省大臣官房報道課が出した「海洋調査活動の相互事前通報の枠組みの実施のための口上書の交換について」という外交文書によると、「平成十二年八月二十八日北京で行なわれた日中外相会談において、海洋調査船の問題に関して、相互事前通報の枠組みを作ることで一致したことを踏まえ、事務レベルの協議を継続してきた結果、今般双方で妥協した」として、「海洋調査活動の相互事前通報の枠組みを、二月十四日から実施するための口上書の交換が、二月十三日北京において、在中華人民共和国日本大使館と中華人民共和国外交部との間で行なわれた」。

口上書は、中華人民共和国外交部が在中華人民共和国日本国大使館に宛てたもの、および在中華人民共和国日本国大使館が中華人民共和国外交部に宛てたもの、の二部からなっている。それぞれ六項目からなっており、項目の配列順序に相違はあるが、内容は同一である。「通報事項」は以下の三点である。

(1)　通報の対象水域

東海（東シナ海を指す―引用者）における相手国の近海（領海を除く）

中国側 「日本側が関心を有する水域である日本国の近海」

日本側 「中華人民共和国の近海」

(2) 事前通報の時期

外交ルートを通じ、調査開始予定の少なくとも二ヵ月前までに、口上書により通報する。

(3) 通報事項

①海洋の科学的調査を実施する機関の名称、使用船舶の名称・種類、責任者

②当該調査の概要(目的、内容、方法および使用器材)

③当該調査の期間および区域

ほかに「本件枠組みの円滑な運用及び個別調査活動に伴う問題の処理のため、日中双方で協議を行なう」こと、「本件枠組みに基づく通報は、二〇〇一年二月一四日より行なう」こと、「本件枠組みのあり方については、運用の実績を踏まえ、必要に応じ、日中双方で協議を行なう」こと、「本件相互事前通報の枠組み、及びこの枠組みの下で行なわれる双方のやりとりは、海洋法に関する諸問題についてのいずれの一方の側の立場に影響を与えるものとみなしてはならない」ことが決められている。

「口上書」は外交文書であるから、中国側はここに書かれている内容を守らなければならず、これまで無法状態に置かれていた東シナ海での中国の海洋調査活動は、これで一件落着したとわが国の外務省関係者の多くは評価しているようである。例えば二〇〇一年六月一五日の衆議院外務委員会で、自由党の土田議員の質問に槙田アジア・太平洋局長は、次のように答えている。「わが国の排他的経済

水域において、わが国の事前の同意もなきままに、中国の海洋調査船が頻繁に活動を行なっている。このまま放置するわけにはいかない」ので、境界線画定という「基本的な問題は別の場で交渉するとして、海洋調査船については現実的な解決を図っていくことで交渉し、事前通報制度を作った。この点を是非ご理解頂きたい[20]」。

しかしこの文書には、①「海洋の科学的調査」とは何かについて、特に問題となっている「資源探査」と「科学調査」の違いについて、具体的に何も説明していないこと、および②東シナ海の排他的経済水域および大陸棚の境界線画定が行なわれていない状態の下で、わが国が「主権的権利」を有する海域における中国の「科学的調査」を、「事前通報」を前提に「合法的」と認めてしまったことに重大な問題がある。

2 「調査海域」の食違い

「口上書」には、「調査海域」に関して、両国間に重大な問題が存在する。すなわち日本側が中国政府の同意を得て海洋調査を実施できる海域は「中華人民共和国の近海」であるのに対して、中国側が日本政府の同意を得て実施できる海域は「日本国の近海」ではなく、「日本側が関心を有する水域である日本国の近海」である。

中国側が事前通報海域を、「日本側が関心を有する水域である日本国の近海」としたことに対して、わが国の外務省幹部（槇田アジア局長?）は、「実質的には中間線の日本側海域が事前通報の対象水域

となるという解釈で、中国側の理解を得られた」と評価したようである。(21)

東シナ海の日中中間線・中国側海域について、中国が主権的権利を有しているとの中国政府の立場を日本政府は認めているのに対して、東シナ海の日中中間線・日本側海域は日本が主権的権利を有する海域であることを、中国政府は一度も認めたことはない。今回その日本政府の立場に「理解」を示しただけにすぎない。中国側のこの立場は、先に論じた二〇〇〇年八月の日中外相会談における唐家璇外交部長の発言のなかに明確に現われていた。唐外交部長は、「中国が関係水域で科学調査活動を行なうのは、完全に正常なことである」と述べ、さらに「相互通報は自主的な行為であり、中国側の立場に影響するものではない」と明確にしていた（傍点は引用者）。

「日本側が関心を有する水域である日本国の近海」という表現は、「東シナ海の日中中間線・日本側海域」に関する相容れない両国の妥協の産物である。ある外務省幹部は「わが国も中国側海域で科学調査を実施することができます」（傍点は引用者）と著者に解説してくれたが、「東シナ海の日中中間線・中国側海域」に関して両国政府の間に見解の食違いはなく、したがって日本側は中国側海域で、たとえ「科学調査」という名目でも、ボーリングやエアガンを使用しての海洋調査を行なうことは許可されないであろう。

境界線画定をしない条件の下で、海洋調査活動の実施を認めれば、それは日本政府が「お墨付き」を与えたことであり、中国は日本政府の許可を得て堂々と日本側海域で調査活動を実施することになり、現実にそのような事態に陥ってしまっている。

わが国の外務省は、そのような事態を回避するために、「本件相互事前通報の枠組み、およびこの枠組みの下で行なわれる双方のやりとりは、海洋法に関する諸問題についてのいずれの一方の側の立場に影響を与えるものとみなしてはならない」との一札をとってあると反論するであろう。だが先の唐外交部長の発言から中国側の立場は明確であり、さらに尖閣諸島の領有権問題の「棚上げ」をめぐる日本政府と中国政府の対応を回顧するならば、そのような取り決めが如何に儚いものか分かるであろう。[22] 後述するように、口上書にはその内容に違反した場合の罰則事項はなく、実効性については、「相手を信頼するほかない」と先の「外務省幹部」は述べているのである。[23] 政府・自民党の圧力で、事前通報の枠組みを作ればよいとの安易な立場から行なわれたのであろう。

さらに中華人民共和国外交部の口上書ばかりでなく、日本国外務省の口上書においても、その冒頭で、「東海海域の境界画定前に当該海域において海洋の科学的調査を行なう場合、相互事前通報を実施する」と書いてあるように、東シナ海を中国側の呼称である「東海」という言葉を使用しているところに、日本国外務省の腰抜けな立場がよく現われている。これで相互主義といえるのか。どうしてこのような日本の国益を無視した外交文書を外務省は調印したのか。[23]

3 「海洋調査」と「海洋の科学調査」

「口上書」は「海洋の科学的調査」を対象としており、「資源探査」を対象としていない。それ故「海洋の科学的調査」とは何か、「資源探査」と「海洋の科学的調査」との違いが明らかにされる必要があるが、「口上書」はこれについて何も説明していない。

国連海洋法条約は、公海における「海洋科学調査の自由」を規定している（第八七条第1項）ばかりか、沿岸国は「自国の排他的経済水域内及び大陸棚上において、他の国または国際機関」により、「専ら平和的目的」で、あるいは「すべての人類の利益のために海洋環境に関する科学的知識を増進させる目的」で、実施される海洋の科学的調査計画には「同意を与える」と規定して、排他的経済水域内および大陸棚における外国の「科学調査」の実施を認め、さらに沿岸国の「許可が不当に遅延し、または拒否されることのないことを確保するための規則及び手続きを設定する」ことを規定している（第二四六条第3項）。さらにその規定は「沿岸国と調査を実施する国との間に外交関係がない場合にも」適応される（第4項）。

しかしながら上述した「公海における海洋科学調査の自由」の規定は、排他的経済水域および大陸棚に対する沿岸国の「主権的権利」に関する規定により規制されている。海洋法条約によれば、沿岸国は排他的経済水域において、①海底の上部並びに海底及びその下の天然資源（生物であるか非生物資源であるかを問わない）の探査、開発、保存及び管理のための主権的権利、②排他的経済水域の経済的な探査及び開発のための他の活動（海水、海流及び風からのエネルギーの生産等を含む）に関する主権的権利を保有する（第五六条）。次に沿岸国は、「大陸棚を探査し、及びその天然資源を開発するため、大陸棚に対して主権的権利を有する」と規定されている（第七七条）。「ここにいう天然資源は、海底及びその下の鉱物その他の非生物資源並びに定着性の種族に属する生物」を指す（同）。

このように沿岸国は、自国の排他的経済水域において、天然資源の探査および経済的な目的で実施される探査の主権的権利を有し、大陸棚において天然資源を探査・開発する主権的権利を有している。同じ主権的権利でも、大陸棚に対する主権的権利は、「沿岸国が大陸棚を探査しておらず、またはその天然資源を開発していない場合においても、当該沿岸国の明示的な同意を得ることなしに、これらの活動を行なうことができない」こと、換言すれば「大陸棚に対する沿岸国の権利は、実効的な、もしくは名目上の先占または明示的な宣言に依存するものではない」点において、排他的経済水域の場合と異なる。

これに対して「海洋の科学的調査」について沿岸国は「管轄権」を有しており、その管轄権に基づいて、「海洋の科学的調査」を規制・許可・実施する権利を持っている（第二四六条第1項）。それ故外国が排他的経済水域及び大陸棚において科学調査を行なうには、沿岸国の同意を要する（第二四六条第2項）。

その場合に、①天然資源（生物であるか非生物であるかを問わない）の探査及び開発に直接影響を及ぼす場合、②大陸棚の掘削、爆発物の使用または海洋環境への有害物質の導入を伴う場合、③第六〇条（排他的経済水域）及び第八〇条（大陸棚）に規定する人工島、設備及び構築物の建設、操作または利用を伴う場合、④第二四八条（沿岸国に情報を提供する義務）の規定により計画の性質及び目的に関し伝達される情報が不正確である場合、または調査を実施する国もしくは権限のある国際機関が前に実施した計画について沿岸国に対する義務を履行していない場合には、「いずれの沿岸国も、他の国または権限ある国際機関による自国の排他的経済水域内または大陸棚上における海洋の科学的調査計画の実施について、自国の裁量により同意を与えないことができる」（第二四六条第5項）。

これらの規定は、公海なみの海洋科学調査の自由（第八七条第1項）の保障を求めた先進工業国の主張と、沿岸国の同意を要件とすることによりその国家的安全と資源を確保しようとする第三世界諸国との妥協の結果である。「沿岸国は排他的経済水域においてこの条約に基づいて、自国の権利を行使し、及び自国の義務を履行するに当たって、他の国の権利及び義務に妥当な考慮を払うものとし、この条約と両立するように行動する」ことが義務付けられている。[25]

以上述べたところから、沿岸国の「主権的権利」の対象となる「海洋調査」は、天然資源の探査、経済的な目的で行なわれる探査、大陸棚の探査に限定されているため、それ以外の目的で行なわれる海底の上部水域並びに海底およびその下部の探査は、ここでの沿岸国の主権的権利に属する「探査」の範囲外となる。天然資源の探査は生物資源・非生物資源の両者を含み、また経済的目的であればいかなる物を対象とする探査も沿岸国の主権的権利に包含されるため、沿岸国の主権的権利から除かれる「探査」とは、非天然資源に対する探査で、かつ非経済的な目的の探査ということになる。「海洋の科学的調査」はその目的において「経済的な目的」には当たらないと考えられるため、資源以外の事項の探査（天然資源に該当しない物資の採捕を伴う場合を含む）については、「海洋の科学的調査」として、他国が沿岸国の同意を得て実施することが認められることになろう。[26]

このようなところから「純粋の海洋科学調査と探査・開発のための情報収集を厳密かつ客観的に区

別することはきわめて困難である」と、海洋法の解説書には書かれており[27]、また衆議院外務委員会での質問に対して、外務省中国課の担当者は、「科学調査と資源調査は極めて概念的な分け方で、事前研究で研究目的とされていれば、同意しないわけにはいかない」と答えている。しかしながら先に引用したように、大陸棚で掘削を実施したり、爆発物（エアガンはそのなかに入る）を使用することに対して沿岸国は同意しなくてもよいことになっている。あるいは調査の実態が不明確であったり、疑問がある場合には、調査船に同乗して、調査を観察することが沿岸国には認められているのである。

すなわち海洋法条約第二四八条は「沿岸国に対し情報を提供する義務」があるとして、「調査計画の開始予定の少なくとも六ヵ月前に、沿岸国に対し、次のすべての事項についての説明書を提出する」ことを義務付けている。①計画の性質及び目的、②使用する方法及び手段（船舶の名称、トン数、種類及び船級並びに科学的装備の説明を含む）、③計画が実施される正確な地理的区域、④調査船の最初の到着予定日及び最終出発予定日、または場合に応じ装備の設置およびその撤去の予定日、⑤後援組織の名称及びその代表者の氏名並びに計画の責任者の氏名、⑥沿岸国が計画に参加し、または代表を派遣し得ると考えられる程度。

特に⑥項に関連して、第二四九条は調査を実施する国・国際機関が「遵守する一定の条件」の一つとして、「沿岸国が希望する場合には」、「海洋の科学的調査計画に参加し、または代表を派遣する沿岸国の権利を確保し」、「また実行可能な時には、特に調査船その他の船舶または科学的調査のための施設への同乗を確保する」ことを義務付けている。

それ故わが国政府は、調査が口上書の内容と合致しているかどうかを点検・確認するために、中国の調査船に同乗することを要求してもよいし、ボーリングしたり、エアガンを使用するなど違法行為を実施していると見られる疑惑が生じているのであるから、同乗すべきである。ところが先の衆議院外務委員会（六月一五日）で、藤野克彦海上保安庁長官は、「使用器材、行動の態様などについて、残念ながら外観上観察して、無線で問い合わせて、事前通報とその調査が一致しているかを確認している」と答えているのである。[28] 疑惑があるならば、何故日本側は中国の海洋調査船に同乗して確認しないのか。

だがさらに不可解なことは、同じ外務委員会（六月一五日）で槇田アジア太平洋局長の発言から、中国が事前通報のなかで、ボーリングとエアガンの使用を通報していたことが分かった。[29] 現実に三月一日付け「口上書」第九号には、「勘407」号については「地質ボーリング」、「奮闘7」号については「エアガンによる地質構造の調査」とはっきり書かれている。土田議員によれば、「わが国のどこのセクションがボーリングやエアガンを使ってもよいと判断したのか」と事前に質問状を出しておいたにもかかわらず、六月二〇日の答弁では準備されず、同議員の質問に外務省は答えなかったのである。[30] きわめて無責任なやり方で事前通報が審議・決定され、中国側に「同意」の返事が伝えられたようである。

なおこの委員会で田中真紀子外相は、土田議員の質問に対して、「経済水域で資源調査をやっていけないという国際法はない」と答えて、失笑を買った。[31] 日本政府が真剣に対処していないことは、中国側が事前通報を遵守せずに、勝手に内容を変更して調査活動を実施しているばかりか、東シナ海の日本側海域という対象海域を越えて、先山諸島の太平洋海域にまで及んできているにもかかわらず、何ら有効な措置を取っていないところにはっきり現われている。わが国の領海を包摂している海洋調査に「同意」を与えているところに、わが国外務省の「売国行為」がはっきり現われている。

四　わが国に必要な国内法の整備

沿岸国の主権的権利は限定された適用地域と目的の範囲であっても、「排他性」を持っており、例えば大陸棚での探査・採掘の許可と採鉱活動に関する国内法を制定し適用したり、その違反の防止・処罰を確保し規制するなど、国内・国外の別なく属地的に（外国人の本国・旗国管轄権を排除して）国家管轄権を行使できる。それ故「その目的と対象は限定されるものの、性質上は完全な機能」といえるとされている。したがって同条約上の沿岸国の主権的権利に属する「探査」の内容について、客観的に条約の解釈上明らかにされることは、国内法整備の上で不可欠であろう。(32) その文脈で、中国では国内法の整備が進んでいるのに対して、わが国ではほとんど進んでいないのが実情である。

1　中国の「排他的経済水域・大陸棚法」

中国は関連した法律を制定している。九八年六月に公布・発効した中国の「中華人民共和国専管経済区域および大陸棚法」には、同国の大陸棚について次のような看過できない規定がある。[33]
「中華人民共和国の大陸棚は、中華人民共和国の領海の外側で本国陸地領土を基礎とする自然延長(部分)のすべてとし、大陸縁辺外縁の海底区域の海床および底土まで拡張している。」国連海洋法条約第七六条には、大陸棚の距離は一般には「領海の幅を測定するための基線から二〇〇カイリまでである」が、同条第4項の規定に基づく場合には二〇〇カイリを越えて外縁を設定できる。その場合には「三五〇カイリを越えてはならない」と規定している。上述した中国大陸棚法の規定には、距離の制限が規定されておらず、「自然延長(部分)のすべて」とされていて、無制限である。中国は「国際法の準則に応じて」とことある度びに強調するが、他方で国際法を平然と無視することがしばしばある。

同条は、続いて「中華人民共和国と海岸で隣接する国家、あるいは向かい合う国家との間で排他的経済水域および大陸棚が重なり合う場合には、国際法の基礎の上に、衡平の原則に基づいて、協議により境界を画定する」と規定している。「衡平の原則に基づいて協議する」との規定は、一読すると、「中間線」論に立つわが国政府の見解および国際法に従って協議し決定するとの立場に立っているかのように見えるが、先に述べたようにこの規定は、東シナ海の大陸棚は沖縄トラフで終わっているとの中国側の立場を示している。

次に、外国による大陸棚の「掘削」は許可しないことを明確に規定している。同法は、「中華人民共和国は、すべての目的で大陸棚の上でボーリングを実施する専管的権利を授権し、管理する専管的権利を有している」(第四条)。「いかなる国際組織、外国の組織、あるいは個人も、中華人民共和国の専管経済区域および大陸棚の自然資源に対して探査・開発活動を実施し、あるいは中華人民共和国の大陸棚でどのような目的であれボーリングを実施する場合には、中華人民共和国の主管機関の批准を経て、かつ中華人民共和国の法律・法規を遵守しなければならない」(第七条)。「中華人民共和国は専管経済区域および大陸棚に、人工島・施設・構造物を建造する権利を有し、かつそれらを管理し操作し使用する権利を有している」(第八条)。それらの「人工島・施設・構築物の周囲に安全地帯を設け、当該地帯で適切な措置をとって、航行の安全および人工島・施設・構築物の安全を確保することができる」(第八条)。最後に「中華人民共和国は専管経済区域および大陸棚において、中華人民共和国の法律・法規に違反する行為に対して、必要な措置をとり、法に依拠して法律責任を追求し、緊急追求権を行使できる」(第一二条)。

2 意味のない、むしろ有害な「ガイドライン」

日本政府は、九六年六月二〇日国連海洋法条約に批准し、一ヵ月後の同年七月二〇日発効したことに伴い、「排他的経済水域及び大陸棚に関する法律」を制定した。同法は第一条で、「国連海洋法条約第五部に規定する沿岸国の主権的権利その他の権利を行使する水域として、排他的経済水域を設ける」こと、第二条で「国連海洋法条約に定めるところにより、沿岸国の主権的権利その他の権利を行使する大陸棚」として設定した。そして第三条で、①排他的経済水域または大陸棚における天然資源の探査、開発、保存および管理、人工島、施設および構築物の設置、建設、運用および利用、海洋環境の保護および保全、ならびに海洋の科学的調査、②大陸棚の掘削、③排他的経済水域または大陸棚における公務員の職務の執行（追跡を含む）、およびこれを妨げる行為、について、「わが国の法令を適用する」ことを規定している。

しかしながら海洋法条約と同時に提出された一連の関連法案のなかには、水産資源、海上汚染などに関する法律は提出されたが、排他的経済水域および大陸棚における資源開発の違法行為への対処を規定した法律はなかった。それに代わる文書として、海洋法条約の発効に合わせて同年七月二〇日、「我が国の領海、排他的経済水域または大陸棚における外国による科学的調査の取り扱いについて（ガイドライン）」と称する文書が作成された。

この文書は「目的」として、「関係省庁の合意により、海洋法に関する国際連合条約第一三部の規定に準拠して、我が国の領海、排他的経済水域または大陸棚における外国による科学的調査に対する我が国の同意が外国から見て不当に遅滞し、または拒否されたこととなることがないことを確保するため、さらに科学的調査を促進し、容易にするため、並びに如何なる調査が実施されているのかについて把握し、調査により得られるデータ等については我が国を含め国際社会が利用する機会を得るとともに、他の活動の妨げとならないための調整を可能とするための手続き等を定めることを目的とする」と謳っている。

ガイドラインは、「各国が国内法や主権的権利に基づく主張を相手国に対して一方的に押しつけて解決できる問題ではない」との前提に立ち、「国際協力により係争問題を平和的に解決する」立場に立っている。日本政府が「公海における海洋科学研究の自由」の立場に立っていることを示している。貿易立国として、また先進国としての日本政府の責任ある立場ということであろうが[34]、中国の海洋調査船がすでに東シナ海の日中中間線の日本側海域で、事前通報なしに海洋調査活動を実施し、わが国の抗議、活動停止の要求を無視している現実をどのように受けとめているのか理解に苦しむ内容である。

ガイドラインは、「外国より外交ルートを通じ調査計画書を付して我が国の同意を得たい旨の要請があった場合、外務省は速やかに関係省庁と、同意を与えるか否かにつき協議する」。「関連省庁」とは、今回の「口上書」から、防衛庁防衛局防衛政策課、科学技術庁研究開発局海洋地球課、環境庁地球環境部企画課、水産庁研究部資源課、資源エネルギー庁長官官房総務課海洋開発室、運輸省運輸政策局環境・海洋課海洋室、建設省河川局防災・海洋課海洋室、自治大臣官房企画室である。

「同意を与えるか否かを判断するに当たっての基準」として、次の二点が指摘されている。第一に、「専ら平和的で、かつ人類全体の利益に寄与するものか否か、および条約第二四六条第5項「排他的経済水域および大陸棚における科学的調査」に掲げられた条文に「該当するか否か」をあげている。そして条約第二四六条第5項に該当する場合で、「同意を与え、または同意に条件を付すとの裁量を行使する時は、必要に応じて当該外国の排他的経済水域または大陸棚において我が国が実施する同様の調査についての同意との相互主義を条件とする」とある。これによれば、わが国も中国側海域で、ボーリングやエアガンを使用した海洋調査を行なうべきであるということになるが、もしわが国が中国側海域でボーリングやエアガンを使用した海洋調査を行なった場合、中国側はそれを許容するであろうか、大きな疑問である。

第二に、「当該調査海域の一部または全部が、日米安全保障条約等に基づき、米国に提供された施設、区域に該当する場合には、必要により調査海域の変更に応じることを条件とする」。

最後に「調査活動が同意の対象となった調査計画書の記載事項通りに行なわれていない場合、または同意を与えるに当たって付した条件が遵守されないことが判明した場合には、必要に応じ、先方に事実関係を通報し、かかる事態が再発しないよう申し入れを行ない、また調査活動の中止を求める等国際法及び国内法の許容する範囲内で必要な措置をとる。事態の情況に応じて、その後当該国による科学的調査に対する同意の付与を差し控えることがありうるものとし、この場合には、右を外交ルートを通じ通報する」とされている。

「口上書」に基づくわが国の事前通報制度は、この「ガイドライン」に基づいて作成されたことが分かる。だが本章の冒頭でその実態を書いたように、「口上書」に基づく中国の海洋調査活動は、実施してから四ヵ月の期間に、事前通報の枠組みを形骸化してしまっている。先に書いたように、国連海洋法条約は「調査を実施する国が事前に実施した計画について、沿岸国に義務を履行していない場合には」、沿岸国は「同意を与えないことができる」と規定している。中国側が事前通報の内容を守らないならば、このような制度は一日も早く解消することであろう。そうでないと、将来に禍根を残すことになる。

わが国政府が国連海洋法条約を批准した時、著者は次のように書いた。(35) 排他的経済水域・大陸棚の問題は、日本の主権的権利を侵す国に対して国益を守るために、日本政府が国家としての措置を取る権利を行使できるかどうかである。権利は持ったが、行使できないのでは意味がない。というよりは極めて危険である。二〇〇カイリ設定に見合う国家としての態勢が整備されていないところに、有事を考えない日本国家の現実が現われている。今著者は再度このことを提起しておきたい。

註

(1) 以上の記述は、中国政府の作成した「事前通報」による。

(2) 「違反多発の中国海洋調査、外務省また二件許可」『産経新聞』二〇〇一年八月四日。

(3) ODPについては、拙著『続中国の海洋戦略』(一九九七年、勁草書房) 第七章「活発化する中国の東シナ海資源探査」を参照。

(4) 「中国調査船が活動再開、事前通報の三隻『資源目的』の指摘も、東シナ海」『東京新聞』二〇〇〇年四月二三日。この報道を受けて、著者は五月一九日付け『産経新聞』「正論」欄に、「目に余る中国の海洋調査船、東シナ海で日本政府の『お墨付き』」を書いた。これは五月二九日付け JAPAN TIMES の OPINION に訳載された。Slyly, China extends its reach.

(5) 「事前通報制を盾に近海で資源調査、中国船〝野放し〟」『産経新聞』二〇〇〇年六月七日。

(6)(7) 拙稿「活発化する中国の東シナ海資源探査」『東亜』一九九六年七月号一〇～一三頁。

(8)(9) 「第百三十四回参議院外務委員会会議録第十号 (平成七年一二月一二日)」五～六頁。

(10) これらの活動の概要については、拙稿「拡大する中国の東シナ海進出―侵食されるわが国の経済水域」『東亜』一九九九年四月号を参照。

(11) 本書終章「日本近海に迫る中国の軍艦」を参照。
(12) 「日中安保対話、中国海軍に懸念表明、津軽海峡などで活動、日本『同意が必要』」『産経新聞』二〇〇〇年六月二〇日、「海洋調査は事前同意を、安保対話日本側、中国に要求」『読売新聞』同年六月二〇日。この対話には、日本側から槇田邦彦外務省アジア局長、高見沢将林防衛庁調査課長、中国側から張九桓外交部アジア局長、苗鵬生中国軍参謀部局長らが出席した。なおこの安保対話について、中国側は公式に何も報道していない。
(13) 「中国艦船の活動、自民内に反発、特別円借款、逆風強まる、外相訪中に火種」『朝日新聞』二〇〇〇年年八月八日、「自民合同部会、中国船問題で批判続出、対中政策ODA見直しも検討」『産経新聞』二〇〇〇年八月九日。
(14) 「対立棚上げし友好強調、河野外相の中国訪問」『朝日新聞』二〇〇〇年八月三〇日、「外相会談要旨」『朝日新聞』二〇〇〇年八月二九日。
(15) 「唐家璇与日本外相河野洋平挙行会談」『人民日報』二〇〇〇年八月二九日。
(16) 「艦船活動、敵意なし、中国首相が河野外相に」『朝日新聞』二〇〇〇年八月三一日、「朱首相、河野外相に表明、艦船活動敵意ない」『日本経済新聞』二〇〇〇年八月三一日。
(17) 「日中調査船問題、交渉加速で一致、事務レベル協議」『読売新聞』二〇〇〇年九月一六日。
(18) 「政府、当局間協議で改めて中国調査船活動の自制要請」『読売新聞』二〇〇〇年九月二六日。
(19) 「首相調査船活動の自制求める、日中首相会談、半島緊張緩和へ協調」『産経新聞』二〇〇〇年一〇月一三日、「日中首相会談の要旨」同一〇月一四日。
(20) 「第百五十一回衆議院外務委員会会議録第十四号(平成一三年六月一五日)」一五頁。
(21) 「日中海洋調査、通報境界は『両国近海』、口上書『中間線、中国が理解』」『毎日新聞』二月一四日。
(22) 例えば拙著『続中国の海洋戦略』(一九九七年、勁草書房)第八章「尖閣諸島をめぐる国際紛争」を参照。
(23) 「日中海洋調査船事前通報、『玉虫色』の決着、水域不透明、実効性も不透明」『産経新聞』二〇〇一年二月一〇日。
(24) 『産経新聞』の質問に対して、外務省報道官は「日中で合意され、国会でも承認された日中漁業協定でも『東海』を使っている。一般的な慣行である」と説明している。「『東シナ海』公式文書では『東海』、〝弱腰外交〟の象徴?、呼称でも

中国に配慮」『産経新聞』二〇〇〇年一〇月一二日。

(25) 山本草二『海洋法』(一九九二年、三省堂) 一九〇頁。

(26) 小幡純子「日本の国内法制」『排他的経済水域・大陸棚における海洋調査に関する各国国内法制等対応振りに関する調査』(平成一一年、日本国際問題研究所) 八五~八六頁。

(27) 前掲山本草二『海洋法』二五七~二五八頁。

(28) 「第百五十一回衆議院外務委員会会議録第十五号(平成一三年六月二〇日)」一三頁。

(29) (30) 同一四頁。

(31) 同一三頁。

(32) 前掲、山本草二『海洋法』一九〇頁。

(33) 「中華人民共和国専属経済区和大陸架法」『人民日報』一九九八年六月三〇日。

(34) 山本草二「海をめぐる諸相―日本が直面する問題とは」『外交フォーラム』二〇〇一年七月号一六~二三頁。

(35) 前掲拙著『続中国の海洋戦略』一一~一二頁。

第三部　実効支配を固める中国の南シナ海海洋活動

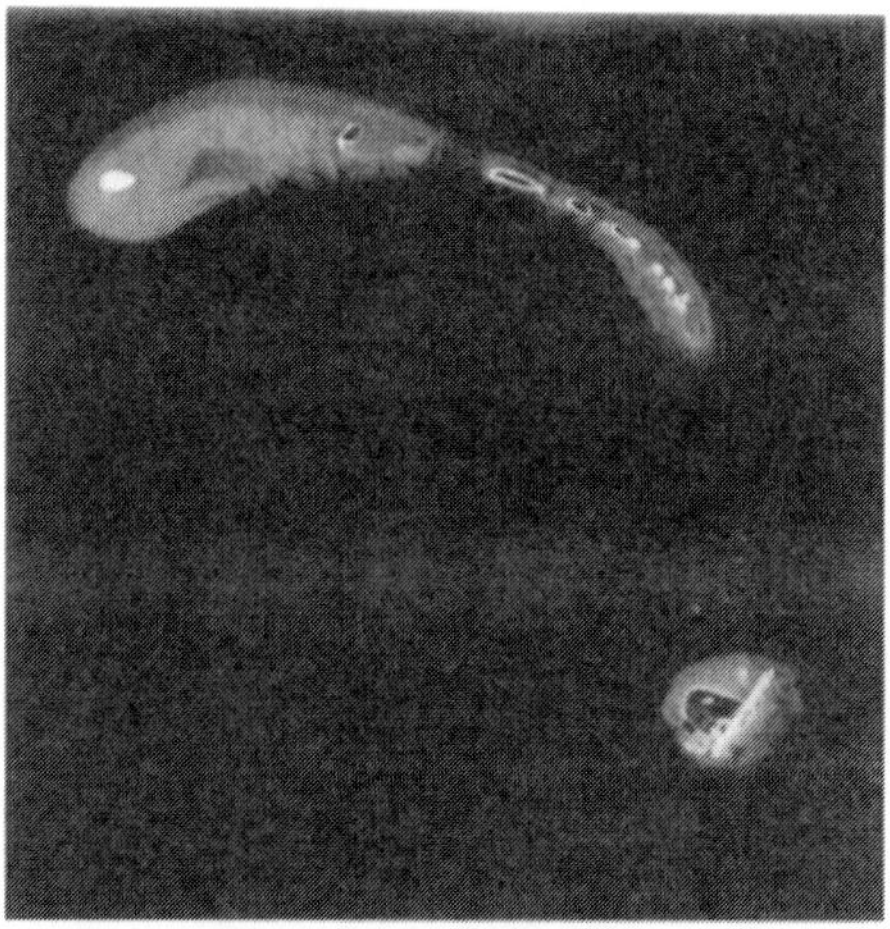

衛星から撮影した南シナ海西沙諸島・永興島の飛行場（『読売新聞』1993年8月4日）

フィリピンが領有を主張する南シナ海ミスチーフ礁に中国が建設した海軍施設（『産経新聞』1999年2月19日）

第六章　中国のフィリピン海域進出と南シナ海「行動基準」

一　南シナ海を固める中国

1　南シナ海の「行動基準」

一九九九年七月シンガポールで開催されたASEAN会議で、フィリピンは南シナ海における「行動基準」を提起した。(1) これは直接には、その前年秋頃から同年初頭にかけての数ヵ月間に、フィリピンが領有権を主張する南シナ海のミスチーフ礁（中国名は美済礁）に中国が九五年に建設した仮の「漁民の避難施設」を永久施設に建て替えたことにある（地図7参照）。

ミスチーフ礁はフィリピンのルソン島南方のパラワン島西方に位置する南沙諸島のサンゴ礁である。ほぼ円形の大きな環礁で、東西の長さ約八〇〇〇メートル、南北約六五〇〇メートル、環礁の高さは約六〇センチメートル、中央部の深さは二〇〜二七メートル、外部に通じる二本の航行可能な水路がある。浚渫し整備すれば、いずれ中国海軍が保有することになるであろう航空母艦の停泊は十分可能

地図 7　南シナ海要図

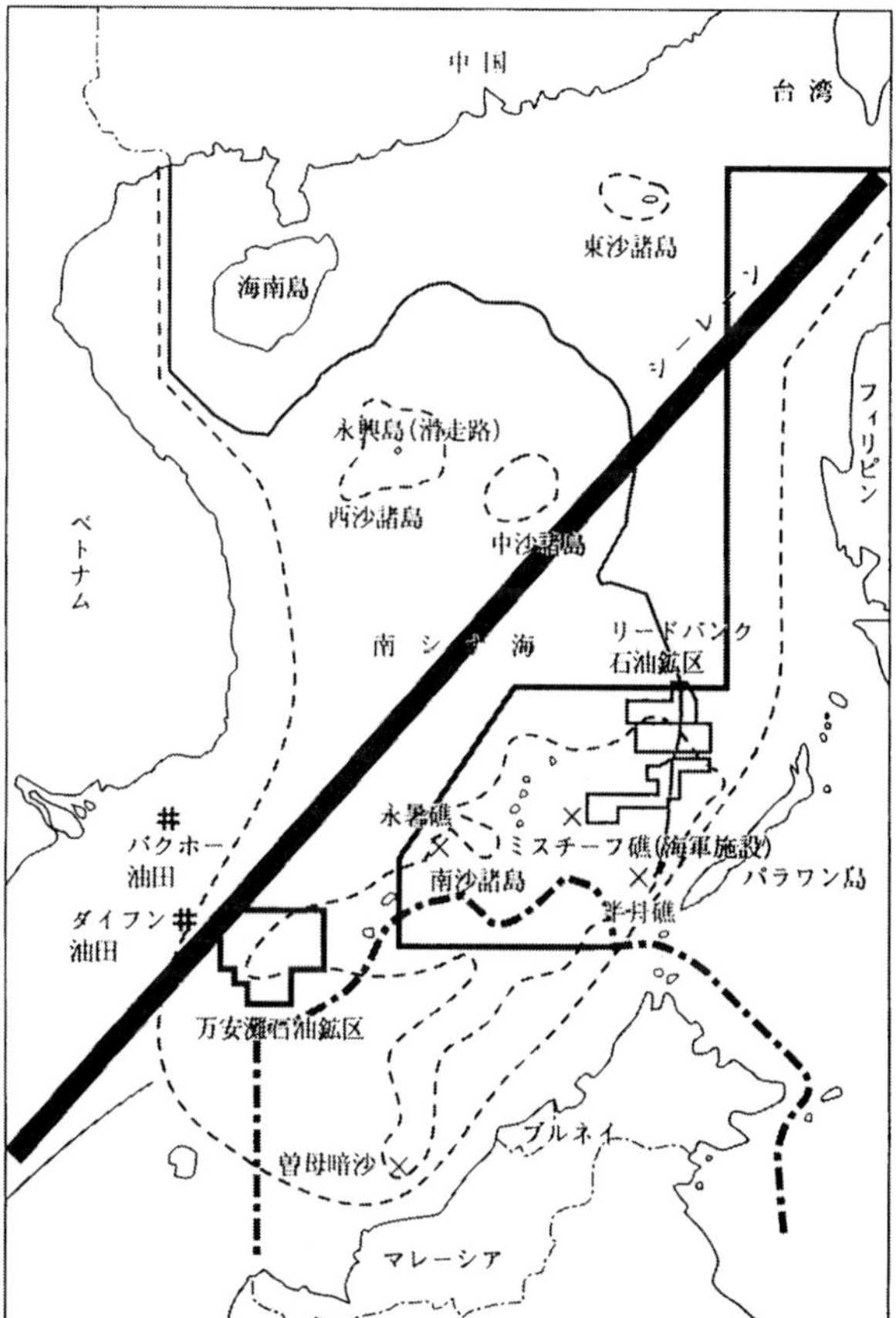

- - - - - 中国の主張する管轄海域　　——— フィリピンの主張する管轄海域
——— ベトナムの主張する管轄海域　　-・-・- マレーシアの主張する管轄海域

（注）　管轄海域、岩礁、石油確区、油井などの位置は正確ではない。概念図として理解されたい。

（出所）　『中国の海洋戦略』参考地図２・４・８より作成。

である。

ミスチーフ礁周辺の海域面積は一〇万平方キロメートルで、中国の浙江省の面積に相当する。[2] さらにこの海域の海底には石油資源の埋蔵が有望と見られているリードバンクがある。中国は九〇年代に入ると、フィリピン海域の海洋調査を実施し、九四年後半のある時期にミスチーフ礁に進出し、環礁の内側の四ヵ所に「高脚屋」と呼ばれる半永久施設を設置した。フィリピン政府の抗議に対して、中国政府は「ここは中国の古来からの領土」であり、「軍事施設ではなく、漁民の避難施設である」と答えた。[3]

それより以前の七〇年代、八〇年代に南沙諸島海域の海洋調査を行なった中国は、八八年早々にベトナム南部海域の南沙諸島に海軍力を展開して六ヵ所のサンゴ礁を実効支配し、当初は「高脚屋」と呼ばれる仮の施設から数年の内に鉄筋コンクリート製の「軍艦島」のような永久施設を建設した。[4] この先例から、ミスチーフ礁でもいずれ永久軍事施設が建設されることは十分に予想された。

九八年一一月五日フィリピン国防省は、同年一〇月二八日に同国空軍偵察機がミスチーフ礁周辺海域で、輸送船その他の作業船を護衛するヘリコプターの発着設備を備えたミサイル・フリゲート艦三隻を含む計七隻の中国海軍艦艇が航行していること、および同礁で複数の構造物の建設が進められていることを確認した、と発表した。同国外務省は直ちに駐マニラ中国大使に「領土・主権に対する侵犯」であり、両国間の「行動基準」の侵犯であると抗議して、構造物の中止と撤去を求めたが、中国政府はこれらの構造物は「漁民の避難施設」であり、建造してから数年を経て損傷したので今回は

地図 8　ミスチーフ礁要図

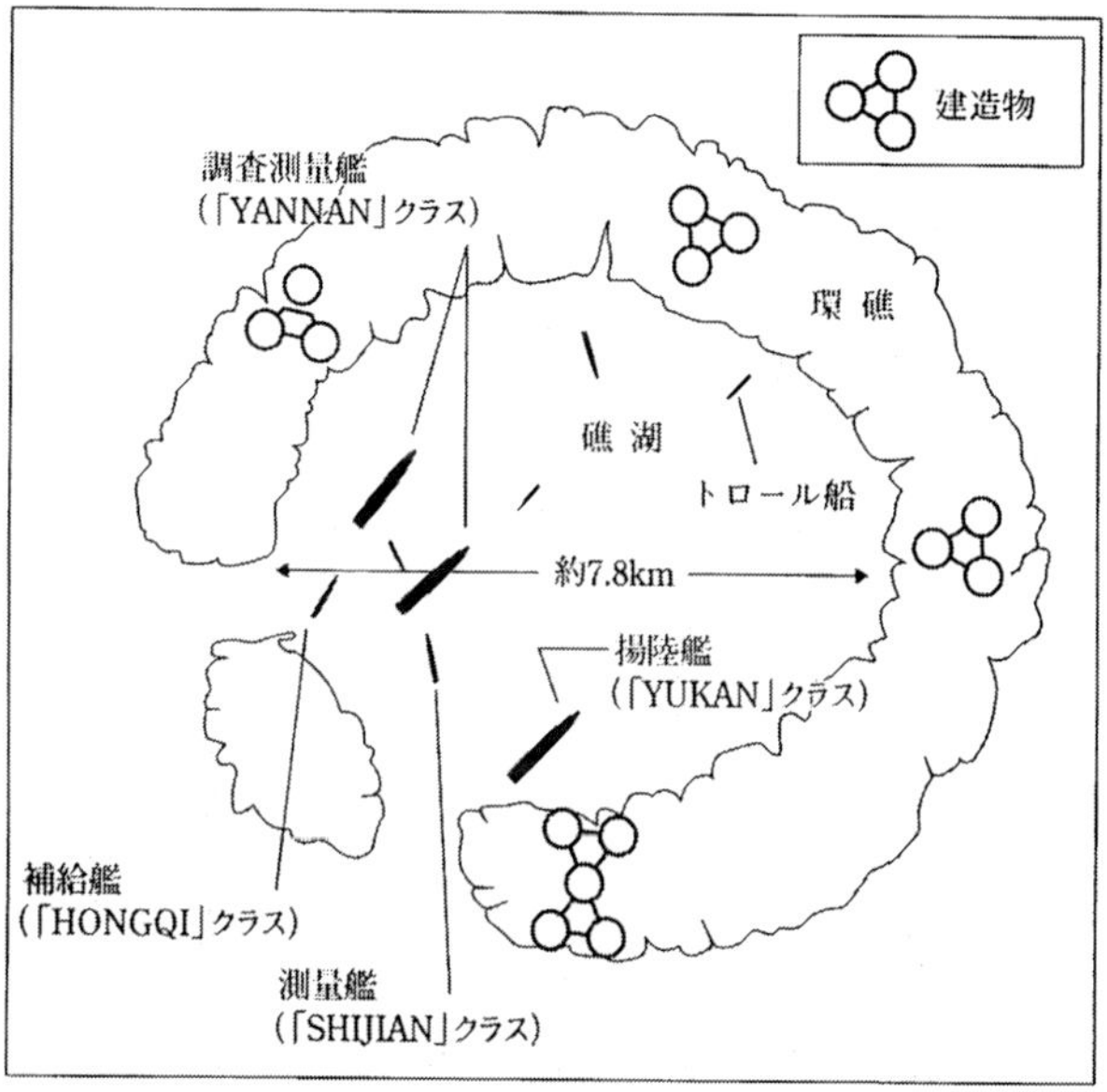

(出所)『読売新聞』1995年2月16日。一部を著者が訂正。

「構造物の必要な保全・修理」であり、事前に通告してあると答え、さらに「中国の主権の範囲内の問題である」としてフィリピン政府の主張を拒否した(5)。

両国間の「行動基準」とは、九五年に中国がミスチーフ礁に進出して、「漁民の避難施設」と説明した構造物を建造し、フィリピン政府が「主権・領土の侵犯」として激しく抗議して、両国関係が険悪化したところから、その後の数年間にわたり両国政府間で行なわれた一連の協議により形成された。すなわち中国がミスチーフ礁に進出した九五年八月マニラで開催された外務次官会議で、両国は①相互信頼を打ち建て、当地区の平和と安定した雰囲気を強化し、武力に訴えたり武力で威嚇して紛争を解決しない。②共通点を拡大し、意見の相違を縮小する精神で、順次協力を進めて、最終的に双方の係争点を解決する。③「国連海洋法条約」を含む公認の国際法の原則に基づいて、双方の間の係争点を解決する。④適当な時期に、当地区の国家に対して、南シナ海で多辺的な協力を展開するための建設的な主張と建議を提出する。⑤海洋環境、船舶航行の安全、海賊への打撃、海洋科学研究、災害防止、救難、気象観測、海洋汚染防止などの領域での協力、を謳った共同声明を発した。(6)

これらの原則は同年一一月大阪で開催されたAPEC首脳会議に出席した江沢民主席とラモス大統領との会談で確認され、(7)翌九六年マニラで開かれた外務次官会議で、前年の共同声明を確認するとともに、漁業、海洋環境保護、信頼醸成確立のための三つの作業小委員会を設置し、信頼醸成措置を具体的に確立するために救難活動、海賊対策、密輸取り締まりなどでの協力を進めることで合意した。(8)また両国の軍事・国防関係高官の相互訪問で合意に達し、それに基づいて、同年五月フィリピン軍総参謀長、七月には国防相が中国を訪問した。同じ九六年三月バンコクで開催されたアジア・欧州首脳会議で、ラモス大統領は李鵬首相との会談で、「自国船舶の紛争地域接近を規制する」ことを提案し、李鵬首相はこれに同意したが、「自国船舶とは政府の船舶である」と述べて、民間船舶には及ばないとの考えを示したといわれる。(9)ついで七月クアラルンプールで開催されたASEAN外相会議の際、両国外相は会談し、両国の排他的経済水域内を軍艦が航行する際に許可される隻数などを将来取り決めることで合意した。[10]

九六年一一月江沢民主席がフィリピンを訪問し、ラモス大統領と会談し、南シナ海問題について、①双方の共同の努力により、両国はこの問題をどのように適切に処理するかについて、積極的成果を収めている。②双方は平和的に話し合い、係争問題を棚上げし、共同で計画を立て、開発を進める。③両国間にすでに協議機構があり、双方はこの機構を十分活用する、といった「重要な問題で共通の認識で一致した」。[11] 九七年二月にはマニラを訪問した遅浩田国防部長と会談したラモス大統領は、南沙諸島での相互抑制を規範化した「行動基準」の強化を要求し、両国は前年の江沢民主席のフィリピン訪問による「二一世紀に向けての善隣相互信頼の協力関係」を前進させたものとして評価した。[12] その折り同国防部長は中国製工程車両購入に当てられる三〇〇ドルの借款をフィリピン軍に供与を約束した。同年三月には、中国海軍艦隊がフィリピンを訪問した。[13]

こうした両国政府の努力が積み重ねられたにもかかわらず、南シナ海のフィリピン海域では、中国漁民がフィリピン当局にしばしば拿捕されたばかりか、[14] フィリピン海軍が発砲する事態も発生し、さらに九七年四月にはミスチーフ周辺海域にミサイルフリゲート艦、LST級補給船、海洋調査船を含む合計七隻の中国艦艇と航空機が現われ、また周辺のコタ島とパナタ島に構造物が発見され、フィリピン軍がパガサ島（中国名は中業島）に海軍陸戦隊一個中隊を増強する事態が起きた。[15] ついで同年四月、フィリピンのルソン島スービック湾の西約二〇〇キロメートルに位置するスカーボロ礁（中国名は黄岩島）の領有をめぐって両国が衝突する出来事が起きた。四月三〇日二隻のアマチュア無線家を乗せた中国船が接近し、乗員が上陸して国旗を掲げ、無線で中国の領有権を主張した。フィリピン海軍の四隻の軍艦が現場に急行して、中国側の乗員を退去させ、中国国旗を撤去して、フィリピン国旗を設置した。その後フィリピン下院議員が同礁に上陸して領有権をアピールした[16]ところから、中国政府は「中国領土を侵犯する行為を直ちに停止する」ことを要求し、両国関係は再び悪化した。[17]

2 ミスチーフ礁の永久施設

ミスチーフ礁の建設作業はフィリピン政府の抗議後も約一〇〇人の作業員が従事して続けられ、九九年一月末までにほぼ完成したと見られる。[18] 九八年一一月一〇日、フィリピン国防省は同国空軍偵察機が撮影した数枚の写真を公表し、[19] さらに翌九九年一月一九日建設が進展した現場の写真を公表した。[20] それらの写真により、それまでなかった鉄筋コンクリート製の二階建てあるいは三階建ての建造物およぴ船舶が停泊できる長さ三〇〇メートルの岸壁、ヘリポートなどが写っており、さらに構造物にはレーダーサイト、各種通信アンテナなどの他に、対空砲の設置が可能なスペースがあり、守備隊または通信部隊が駐屯でき、また艦艇が停泊できることが明らかとなった。また公表された施設の三枚の写真により、どれも異なる建造物であるところから、三ヵ所に建設されたことになるが、九五年に中国が進出した時、四ヵ所に仮の施設を建設しているから、それらの四ヵ所に恒久施設が建設されたと推定される（別掲地図8参照）。「中国側は漁船の避難施設と説明しているが、恒久的な軍事プレゼンスを目的とした施設であることは明白である。新しい建造物であり、補修ではない。中国は徐々に侵略を進めている」[21]とメルカド国防相が語っている通りである。

他方注目されることには、ミスチーフ礁での新しい建設工事について、中国国家海洋局深海海洋問題専門家は次のようなことを明らかにしている。それによると、近年来中国漁民が陸続とミスチーフ礁周辺海域にやってきて漁業活動を展開しているため、彼らに水、油、食料品の供給、収穫物の貯蔵・冷蔵、加工あるいは漁船の修理などの問題に応える必要から、九八年一一月中国政府は海軍の支援により美済礁に漁業支援施設を建設した。さらに海洋観測所を設置して、気象・海洋情報を提供して、海上の漁民の安全を保障している。[22]

この説明から、ここは海軍の軍事施設であると同時に、中国側が説明しているような単なる漁民の「避難施設」ではなく、むしろ南シナ海における中国漁民の漁業活動の拠点として発展させることが考えられている。著者は、九二年三月の全国人民代表大会で、「すでに多くの中国漁船が操業するなど、島の経営・開発に乗り出している」ことが明らかにされていることから、「開放・改革」の推進力となった「経済特区」を手本とした「海上経済特区」のようなものを設置して、地方の進出を促進し、漁業を中心に積極的な南シナ海進出を行なうことになろうと書いたことがある。[23] 九〇年代初頭以来南シナ海のフィリピン海域で、中国の漁船がフィリピン当局にしばしば拿捕されている。[24] 両国が領有権を主張している海域であることに加えて、中国漁民の活動が活発になっている現実が考えられる。それ故中国漁民がフィリピン近海海域で頻繁に拿捕される出来事は、偶発というよりはむしろ必然的な結果と考えられる。なお拿捕されている中国漁民のなかには、中国海軍の兵員がいるのではないかとの疑惑がある。[25] またこうした中国漁民の活動は中国海軍の艦艇によって保護されているとの報道もある。[26]

この文脈で記録しておきたい動向は、中国が九九年から一方的に南シナ海に休漁期間を設定したことである。[27] すなわち九九年三月五日、中国当局は九九年六月一日から七月三一日までの二ヵ月間、漁業資源の減少を理由に、南シナ海の北緯一二度以北でのすべての底引き網（エビ、貝の底引き網を含む）、巻き網などを禁止する措置を発表した。北緯一二度は南沙諸島の北限であるから、ベトナムおよびフィリピンが領有権を主張する南沙諸島は対象海域に含まれないが、フィリピンとの間で紛争を繰り返しているスカーボロ礁をはじめとするルソン島西側の広大な海域、ベトナムとの間に境界画定で紛争を起こしているトンキン湾をはじめとするベトナム沿海の海域が含まれる。さらに北緯一二度以南の海域でも、操業には特別の許可が必要としている。休漁措置は予定どおり実施され、二〇〇〇年、二〇〇一年も実施され、恒常的となりつつある。[28]

南シナ海での休漁はすでに九五年から実施されている東シナ海及び黄海での休漁に続く措置であり、[29]「海洋資源の保護」が目的であると説明されているが、関係諸国との意向を無視して中国が一方的に実施しているところに、中国が漁業の操業を通して南シナ海の支配・管理を意図していることが示唆される。事実この措置に対して、フィリピンのメルカド国防相は、「そのような強制的な提案は、二国間の信頼関係を阻害する」として、不快感を表明した。同国防相は「スプラトリー（南沙）諸島でフィリピン漁民が拘束されれば、われわれもそれに応じた行動を取らざるを得ない」と発言して

いる。(30)

3　シーレーンを挟む中国の海空軍基地

ミスチーフ礁の直ぐ西側の海域に東北から西南方向にシーレーンが通っている。そしてシーレーンの向こう側のほぼ北側に西沙諸島が展開しているが、同諸島の主島・永興島に八八年前後の約一年間で、二六〇〇メートルの滑走路が完成した。このことについては、著者はY紙のH記者と衛星写真で突き止め、九三年八月四日の同紙第一面にカラー写真入りで報道したことがある(31)（一三九頁の地図7参照）。その後ここにはF7戦闘機が十数機常駐しているとの情報があったが(32)、最近著者は航空機で上空から撮影したこの滑走路の写真を見る機会があった。誘導路を持つ本格的な飛行場で、四棟の格納庫がはっきり写っているから、一個飛行隊（二〇機以上）は十分に駐屯できる。二六〇〇メートルの滑走路であるから、中国がロシアから購入し、ライセンス生産に着手しているSU27戦闘機をはじめ、ジャンボ機も発着できる。

この島には数年前、軍人の宿泊施設と見られる新しい建造物、海水から淡水を作る施設、農場、果樹園、豚や家禽の飼育場等々、さまざまな施設が次々建設されており、ごく最近には滑走路両側の側溝で集めた雨水を地下タンクに浄化・貯蔵する施設が完成したと報じられている(33)。また三〇〇〇トン程度の船舶が停泊できる埠頭が早くから建設されている。

このように遠くない将来、シーレーンを挟んで、北側の西沙諸島・永興島に本格的な航空基地、南側にかなりの規模の海軍基地が完成することになる。こうした南シナ海における大国・中国の動きを背景に、九四年の発足以来、地域の安全保障問題で主導権を取り続けることを悲願としてきたASEANは守勢に立たされ、戦略の見直しを迫られている。

二　ASEANの内部矛盾と中国の影響力

1　ASEANの多国間協議と中国の二国間協議

ASEANは元々東南アジア六ヵ国の経済協力組織であった。それが政治問題、特に安全保障問題には関わらないとの前提から踏み出して、域内での安全保障問題に取り組むようになった背景には、南シナ海における石油・天然ガスなどの資源が豊富に埋蔵されていることに加えて、中国の積極的な南シナ海への進出がある。一九八八年早々中国は海軍力を展開して、ベトナムに近い南沙諸島のいくつかのサンゴ礁を実効支配したことに続いて、九二年二月領海法を制定して、南シナ海海域に点在する南沙・西沙・中沙・東沙諸島の領有を改めて宣言し、さらに同年五月ベトナムが自国の排他的経済水域・大陸棚と主張している海域で石油を探査する権益を米国の石油企業に与えた。こうした中国の行動にASEAN諸国は急速に警戒を強め、自国の軍事力の強化をはかるとともに、中国との対話と協調による解決に乗り出した。(34)

九三年七月フィリピンのマニラで開催されたASEAN外相会議で、南シナ海をめぐるすべての主権・領有権の問題を武力を行使せず、平和的な手段により解決する必要性を訴えた「南シナ海に関するＡＳＥＡＮ宣言」が採択された。宣言の前文は、「南シナ海におけるあらゆる敵対的な動向は、域内の平和と安全に直接影響を及ぼす」と述べて、南シナ海における中国の行動を間接的に批判した。(35)こうした「中国の脅威」に対処することを目的として、九四年ＡＳＥＡＮ加盟国に米国、日本、中国、ロシアなどが参加した多国間安全保障協議の場として、ＡＳＥＡＮ地域フォーラムが形成され、元加盟国にベトナム、ラオス、ミャンマー、カンボジアも参加するにいたっている。

ＡＳＥＡＮ地域フォーラムは冷戦後のアジア・太平洋地域安全保障の枠組み作りの一環としてその設立の意義は大きいが、同フォーラムは対話の場にすぎず、そこには自ずから限界がある。しかも同地域からの米国の後退が行なわれている一方、中国は米国の軍事力と比べれば前近代的とはいえ、東南アジア諸国が束になっても対抗できない大きな軍事力を背景に進出してきている。ＡＳＥＡＮは中国による実効支配拡大を抑制するには、中国を多国間協議に参加させる必要があり、そのために共同歩調をとってきた。だが中国は頑なに「領土問題は二国間協議で解決をはかるべきである」との立場を取っている。中国は南沙諸島問題の「平和解決」、資源の「共同開発」を主張しているが、それは南シナ海が「中国の海」であるとの前提に立っており、一方で「平和解決」「共同開発」を主張しつつ、軍事力を後楯にして進出し、実効支配を固めているのである。(36)

その最重要課題である南シナ海の南沙諸島をめぐる領有権問題へのＡＳＥＡＮ諸国の共同歩調が、冒頭で述べた南シナ海における「共同基準」の採択をめぐって乱れた。

2　フィリピンとマレーシアの確執

フィリピンのシアゾン外相によると、「行動基準」の草案は、九五年にフィリピンと中国が共同声明として発表し、その後フィリピンとベトナム間でも合意した「行動基準の原則」を、ASEANにまで拡大したものである。九九年五月に行なわれたASEAN高級事務レベルの集まりで、ベトナムから草案を作成することが提案され、参加国一〇ヵ国すべてからの承認を得たという。草案は高級事務レベルの会合での検討を経た上で、二三日からの外相会議で提示され、合意が得られれば、各国によるワーキング・グループを結成して、本格的な「基準」の作成に移る予定であった。[37] しかしながら会議直前に、フィリピンが領有権を主張する島礁にマレーシアが新しく構造物を建設したところから、両国間が緊張してしまった。

九九年六月二二日フィリピンのメルカド国防相は、フィリピンとマレーシア両国の排他的経済水域が重なる海域のインベスティゲーター礁に、マレーシアが建造物を建設していることを発見したと発表した。[38] それによると、縦約五〇メートル、横約二〇メートルのコンクリート製の土台の上に、レーダー付きの二階建て建造物とヘリポートを備え、建設資材とクレーンを備えたバージ船と青と灰色のシャツを着た多数の船員を乗せた国旗を掲揚していない軍艦が接岸していたとして、同国防相は「軍事目的の施設ではないか」との懸念を伝えた。[39]

二四日フィリピン政府は抗議したが、マレーシア政府は、「マレーシアの排他的経済水域および大陸棚の内部である」こと、および「海洋調査や密輸監視などのために、研究者など民間人を派遣した」と説明した(40)。六月二九日になって中国政府は、「中国は南沙諸島および周辺海域に対して、争う余地もない主権を有している」と述べ、同礁（椰亜暗沙と簸箕礁盤）を領有する「主権者」の立場から、フィリピンとマレーシア両国の対立に介入した(41)。そしてマレーシアの建造物に関しては、「いかなる口実をもってしても、中国の領土に対する侵犯であり、非合法かつ無効である」と断定した。中国政府はマレーシアに対して誤りを是正し、中国領土・主権に対する侵犯を停止することを要求するとともに、九七年の中国とASEAN諸国との共同声明を遵守して、軍事事態に拡大する可能性のある行動を直ちに停止して、共同で南シナ海の安定を擁護することを要求した。なお前年の九八年四月、同じ岩礁にマレーシアが建造物を建てたことがあり、フィリピン政府の抗議でその後撤去されたことがあった(42)。

3　「共同基準」をめぐるASEANの確執

ASEAN会議にフィリピンとベトナムが共同で提出した「南シナ海の行動基準」の草案は、次のような内容であった(43)。

①東南アジア諸国連合（ASEAN）各国政府と中国は、南シナ海が平和的目的で利用され続けることが、地域の平和と安全にとって重大であると認識し、武力行使を慎み、（領有権）争いを平和的手段で解決することを再確認する。

②当事国は誤解を避けるため、海洋科学調査を実施する機関について相互に通知する。
③天然資源の共同調査に同意し、情報交換を促進し、資源の共同開発について研究する。
④海賊行為の取り締まりで、関係国機関の連携体制を確立する。
⑤当事国は軍隊、国防幹部の定期交流を計画し、南シナ海を管轄する部隊の司令部間にホットラインを設置する。
⑥突発事件回避のため、当事国は自国船舶に対して、実際に使用されている施設や基地から五〇〇メートル以内に近づかないよう注意する。
⑦規範が効力を持った段階で、いかなる（領土的）拡大主張、建造物の新設・拡張、島や水域の占拠も行なわない。
⑧行動基準の実行・遵守について、半年に一回点検する。

南シナ海での各国の航行情況や、活動を制限すべき海域、科学調査を行なう際の取り決めなどまで細かく定めることがうかがわれる。なによりも注目される点は、第七項の「基準が効力を持った段階で、いかなる（領土的）拡大主張、建造物の新設・拡張、島や水域の占拠も行なわない」という項目である。これまで取り上げられなかった領有権問題を正面から取り上げようとしている点は評価できるが、それ故にこそ、この草案は関係諸国間で意見が分かれ、ASEAN外相会議の議題にすらならなかったのである。

意見は次のいくつかの点に関して大きく分かれた(44)。

フィリピンと中国は対象地域を南沙諸島に限定することを主張するのに対して、ベトナムは南沙諸島だけでなく西沙諸島をも含めた南シナ海全域を対象とすることを主張する。紛争防止のために、フィリピンは「新しい建造物の構築の禁止」を主張しているのに対して、中国は「建造物に限定せず、あらゆる行動を禁止する」ことを要求し、ベトナムが同調したが、会議直前に新しい建造物を構築したマレーシアが「外相会議に馴染まない」と強く反対した。さらに独自の活動の制限を嫌う中国とマレーシアは、海洋資源の保護や研究活動などを「二国間、多国間の協力の下に行なう」と規定することに反対している。

ASEAN内部の調整は二四日夜の高級事務レベル協議で、適用範囲を当初の「スプラトリー諸島とパラセル（西沙）諸島の紛争地域」から「南シナ海の紛争地域」に変更し、また「新たな環礁や島の占拠を禁止する」とした条項を、「占拠されていない島や礁などでのプレゼンスを確立する行動を禁止する」とした条項をに変更して、「現状維持」という最大目標を達成した。だが二五日、中国との高級事務レベル協議では、中国側はASEANが示した合意案に対して今後の協議の基礎として継続協議する意向を示しただけで、突っ込んだ議論にはいたらなかった。また中国側から代案が提出されることになっていたが、提出時期が明示されなかった。このためASEAN側は外相会合などでさらに問題を煮詰めることを断念し、高級事務レベルで引き続き解決を模索して行くことを決めた。

このようにASEAN内部で意見が対立してしまったため、意見交換しただけに留め、詳細を検討する作業部会を設置した上で、二〇〇〇年一〇月タイで協議を開始することを決めた。作業部会に検討を委ねたことは、中国ばかりでなく、ASESN内部でも調整が難航すると予想されるところから、今回の外相会議での実質協議を避け、論議を事実上先送りしたと考えられる。中国による実効支配の拡大を牽制する目的で、中国を多国間協議の場に引き込もうと共同歩調をとってきた肝心のASEAN内部で足並みが乱れてしまったことになる。中国はそうしたASEANの足並みの乱れを見透かしている。

ASEAN諸国は九二年に南シナ海海域の「平和的解決」で合意し、九六年には行動基準を設定することを決定していながら、具体化することができなかった。その間中国とマレーシアは合意を無視して施設を設置して領有権の既成事実化を推進しており、多国間による解決の難しさを示している。フィリピンは日本、米国、中国を含む拡大外相会議での解決を意図しているが、同海域の大半の領有を主張する中国を多国間交渉の場に引き出すのは容易なことではない。

4 「共同基準」と中国

「南シナ海の行動基準」は、九九年一一月にマニラで開催されたASEAN非公式首脳会談でも採択されなかった。香港の中国系新聞『文匯報』は、「共同基準」の目的は「現状の凍結」であるとして、「関連国家が不法に占領した南シナ海の島礁の『合法化』であり、南シナ海の島礁に対して主権を有する中国は、これらの島礁を哨戒したり使用する権利が失われ、あるいはいかなる新しい政策や行動もとれなくなるばかりか、さらに関連国家に対して通報しなくてはならなくなる」から、「もし中国がこのような「共同基準」に同意すれば、無為に自分の手足を縛ることになる」と、「行動基準」の採択に反対の立場を明確にした。(45)

そしてＡＳＥＡＮ諸国内部でこの「共同基準」を討議した際、意見が分かれたことに注目した。報道によれば、ベトナムは「共同基準」が南沙諸島でだけでなく西沙諸島にも適応されるべきであると要求したという。これは七〇年代初期に中国が西沙諸島を「修復」したことに対してハノイがいまなお不安を抱いていることを示している。しかしマレーシアはベトナムが問題を拡大することに反対し、「共同基準」の範囲を南沙諸島に限定することを堅持している。後にフィリピンは「共同基準」は「南シナ海の主権争いが存在する海域に適応する」ことを主張して、折衷案を提出してはじめて共通の認識に達した。

「共同基準」は主としてフィリピンが提出したものであり、それ故少なくない建議がフィリピンの考慮から出発している。中国は当然フィリピンなどの関連国家がこのような「共同基準」を制定するやり方を理解するが、われわれは時間をかけて深く討議する必要があり、拙速して署名することは適切でないと認識している。「十（ＡＳＥＡＮ）プラス一（中国）の会議」では中国はこのような「行動基準」に署名することはできないと述べた。

南沙諸島に対する中国の立場と政策は十分に明確であり、最近の二〇年来変わっていない。九五年銭其琛副総理兼外交部長はＡＳＥＡＮ諸国の外相との対話のなかで、次の六点の立場を提起している。①中国は南沙諸島のその周辺海域で争うような主権問題を有していない。②中国は関連国家と国際法と現代の海洋法の原則に基づいて、平和的な話し合いを通して、関連する係争点を適切に解決する。③中国が提出した「争いをおいて、共同で開発する」との主張は、南沙諸島での争いを処理する現実可能な行き方である。④中国は係争を有する国家と二国間協議を行なうことを希望しており、国際会議での多国間協議は不適切であると考える。⑤中国は南シナ海の航行の安全と自由通航を高度に重視しており、どのような問題も発生することはないと信じている。⑥米国は南沙諸島問題とは根本的になんの関係もなく、介入する何らの理由はない。

三　変わり始めた米国

1　困難なフィリピン軍の近代化計画

一九九五年のミスチーフ礁への中国の進出に衝撃を受けたフィリピンの国防当局は、直ちに総額一一六億ドル、一五年間の軍事力近代化計画を立案し、九五年二月議会で承認された。三〇パーセント以上の兵員削減による陸軍三個師団、五万人、海空軍は各一万五〇〇〇人への小規模でも協同作戦が可能な部隊への再編成、およびこれまでの対内向けの軍事力から対外向けの軍事力構築への重要な軍事戦略の転換が含まれていた。将来における経済成長を見越しての計画であり、次の五ヵ年で一〇億九〇〇〇万ドルの支出を予定していた。海空軍力の近代化が重点で、海軍では六隻の哨戒艇、一一隻の小型船、二四輌のV300水陸両用車両、輸送船、艦対艦ミサイル、空軍では長距離地上据え付け防空レーダー、Ｆ５戦闘機五機、防空・要撃・近接航空支援・その他の多目的戦闘機一個中隊分などが中核であった。[46]

九七年スカーボロ礁での衝突が起き、装備の貧弱な海空軍力では中国軍を牽制できないとの認識がますます高まり、南沙諸島上空で活動できる航空部隊の整備が緊急の課題となってきた。米国のＦ16とＦ／Ａ18、フランスのミラージュ2000、イスラエルのクフィール、ロシアのＭｉｇ29などが候補にあがった。[47]だが元々脆弱な経済力・技術力基盤に加えて、九七年に東南アジア諸国を襲った「通貨危機」により、軍事力近代化計画はほとんど具体化することなく、事実上実現不可能な事態に追い込まれた。

九八年秋から九九年初頭にかけて、永久施設の構築による中国のミスチーフ礁の軍事基地化の進展に直面して、フィリピンは一度解消した米国との軍事協力関係の修復をはかった。フィリピンは南沙諸島の領有を主張する国のなかで唯一米国と軍事同盟条約を締結している国であるが、冷戦後フィリピンの戦略的地位が低下したことに加えて、基地使用料の増額要求運動や反米ナショナリズムの高揚を背景に、フィリピン上院は九一年米国との基地協定の更新を否決したため、九二年に米軍はスービック海軍基地、クラーク空軍基地などの在フィリピン米軍基地から全面的に撤退した。だがその後の数年間における中国の進出に直面して、フィリピンは米軍を呼び戻さざるをえない立場に追い込まれた。他方米国も中国の進出に直面して、南シナ海の「航行の自由」を確保する目的から、再びフィリピンに接近したばかりか、フィリピンを含めた南シナ海周辺諸国およびシーレーンに利害を有する諸国との軍事的連携を強化する方向に動き始めている。上院議員時代には米軍基地撤廃を叫んでいたエストラダ大統領が、「貧弱な軍事装備しかないフィリピンを防衛するには、米軍との協力しかない」と国民に理解を求めている姿は、象徴的である。[48]

2 領土問題には不介入の米国

これまで米国は南シナ海における中国海軍の行動に対して不介入の立場を取り続けてきた。中国海軍の南シナ海進出は七〇年代に始まり、米ソの動向をよく見極め、その間隙を縫って巧みに遂行されてきた。

七四年一月中国は小規模とはいえ海空軍力を派遣して、当時南ベトナムが領有していた西沙諸島のいくつかを軍事力で攻略して、西沙諸島を完全に支配下に収めた。[49] この時米国は不介入の方針を取った。[50] その前年の七三年のパリ和平協定で、ベトナム戦争の終結、それに伴う米国の南ベトナムからの撤退が決定されており、米国は最早介入してこないことを見定めた上で、中国は西沙諸島に海空軍力を派遣したのである。ソ連は中国を非難したが、ソ連海軍は未だカムラン湾に進出していなかった。西沙諸島を完全に支配下に収めた中国は、同諸島の軍事基地化に着手し、小規模ながら港湾の建設についで、すでに述べたように本格的な航空基地が出来上がりつつある。

ついで八八年中国が海軍力を展開して南沙諸島のベトナム南部に近い海域に進出して、いくつかのサンゴ礁を占領して実効支配した時も、米国は不介入の方針を取った。[51] 当時米中関係は米国が中国に「防衛性兵器」に限定するとはいえ、兵器を売却するところにまで進展していた。他方中ソ関係は翌八九年五月のゴルバチョフ訪中が示すように改善が進み、ソ連はベトナムと軍事同盟条約を結んでいたにもかかわらず、介入しなかった。米国とソ連は南シナ海の小さなサンゴ礁の領有をめぐる争いで、中国との関係を悪化させることを望まなかった。

九五年早々フィリピンが領有を主張するミスチーフ礁に進出してきた時にも、米国は介入しなかった。(52) 中国のフィリピン海域への進出は九〇年代に入るとともに始まっていたが、(53) 九三年の米軍のフィリピンからの引き揚げは、中国にフィリピン海域に進出する機会を与えた。米軍の撤退を待っていたかのように、中国は九四年後半からミスチーフ礁に進出し、「漁民の避難所」と称する軍事施設を設置し、さらに九八年末から九九年初頭にかけて、ミスチーフ礁で永久施設の建設が始まった。その間フィリピン周辺海域では、中国漁民の活動が活発化し、フィリピンの沿岸防備当局との間にしばしば摩擦を引き起こし、中国海軍艦艇が護衛する事態が現実となりつつある。米軍の撤退はすでに進展していた中国の南下政策を加速させたといえる。

このように米国とソ連は中国海軍の進出に対して不介入の態度を取り、特に米国の態度には中国海軍の進出を黙認すると思われる傾向すらあった。だが九八年秋〜九九年初頭のミスチーフ礁における中国の活動は、米国の政策を変更させる重要な契機となった。九九年一月、経済危機で遅れているフィリピン軍近代化計画への援助要請で訪米したメルカド国防相に対して、コーエン国防長官は、南沙の領有権に関して対立する六ヵ国による会合の開催を提案し、仲裁者としての役割を果たす意思を示した。(54) 同年七月に開催された一連のＡＳＥＡＮ会議で、オルブライト国務長官は、「重大な結果を引き起こしかねない衝突の繰り返しを、座して見逃すわけにはいかない」と述べて、中国の進出にようやく関心を示し、ASEANの機能低下に懸念を表明した。(55)

会議に先立って、九九年五月二七日、フィリピンは米国との間に、同国に派遣する軍人の法的地位を定めた「訪問米軍の地位に関する協定」を締結した。五一年に締結された米比両国の相互防衛条約は、米軍撤退後も有効であったが、米兵がフィリピン滞在中に犯した犯罪に対して、どちらが裁判権を持つかなどを定めた「地位協定」が失効したため、条約は有名無実となり、米軍との大規模な軍事演習も行なわれなくなった。同協定によると、米兵がフィリピン国内で違法行為を犯した場合には、原則としてフィリピンが司法権を持つが、この米兵が公務についていた場合には米国の管轄下におかれる。公務かどうかの証明は、米軍の司令官が行なう。

これに基づいて米国とフィリピンの両国は、九五年秋以来途絶えていた大規模軍事演習を再開した。

3　再開された米・比合同軍事演習

二〇〇〇年一月二八日から三月三日まで、両国軍隊による合同軍事演習「バリカタン（協力）二〇〇〇年」が実施された。演習は二段階に分かれ、前段階は指揮所演習で、「合同セミナー」に続いて模擬演習が実施され、二月二一日から三月三日まで、クラーク、スービック旧米軍基地などルソン島、マニラ湾、の四地点を中心に実兵演習が行なわれた。海上救援、合同作戦、水陸両用上陸作戦などの科目の演習が行なわれた。二八日ルソン島で行なわれた強襲揚陸作戦訓練でヤマ場を迎えた。島内の

「敵」を想定し、海上からヘリコプターと揚陸艦で上陸。ドック型揚陸艦フォート・マクヘンリー（一万五九三九トン）、沖縄の米軍海兵隊が登場した。南沙諸島に近いパラワン島では、両軍が共同で医療、建設活動を展開した。沖縄をはじめとする在日米軍約一五〇〇人を含む米軍兵員二五〇〇人、フィリピン軍兵員約二五〇〇人、合計約五〇〇〇人の将兵が参加した。(56)

アジア太平洋地域では、米国は毎年日本、韓国、オーストラリア、タイと大規模な合同軍事演習を実施している。フィリピンもそれに組み込まれたことになるが、さらにタイ、オーストラリア、フィリピンとの二国間軍事演習を繋げる「チーム・チャレンジ」を構想している。(57)

中国の南シナ海への進出に米国の後楯で対抗しようとするフィリピンの狙いと、中国の南下政策を牽制したい米国の思惑が合致したことになる。だが南シナ海の領有権問題は解決していないから、フィリピンが攻撃されても同海域に条約は適応されないというのが米国の立場である。米国は航行の自由が侵されない限り、南沙諸島の領有権問題に関わらないとの立場を変えていない。米国の目的は、第一に、東南アジアに緩やかな協調態勢を作り上げることであり、第二に東南アジアの同盟・友好国の軍事力を引き上げ、地域の不安定要素を減らすことである。

だが中国は、再開された米国とフィリピンとの合同軍事演習を、中国が南沙諸島のある無人島あるいは黄岩島に兵力を派遣して駐屯した後、フィリピン軍が米軍と合同で中国に対して対上陸作戦を実施するという想定であると疑い、また二〇〇〇年六月一四日から九月二二日まで米海軍・海軍海兵隊がフィリピン、インドネシア、ブルネイ、マレーシアなどと、南シナ海で別々に実施した「カラト二〇〇〇」年度軍事演習は、「ある地区の大国」が南シナ海の係争中の島礁に派兵して、南シナ海の国際航路を封鎖したので、米国は東南アジアの関連諸国の要求に応えて、軍事と人道主義援助を行ない、地区の安全と海上の航行の自由を擁護したという想定で実施されたとして、「わずか七年で米軍がフィリピンに戻ってきて、再び合同軍事演習を行なった目的は何か。深く研究するに値する」と注視している。(58)

4 「キティホーク」のシンガポール寄港

南シナ海に対する米国の政策の変化は、二〇〇一年三月二二日、米海軍の航空母艦「キティホーク」がシンガポールの樟宣海軍基地に寄港し、翌二三日同海軍基地で、同空母のために建造された埠頭の完成記念式典が挙行されたことにはっきり現われている。

樟宣海軍基地はこれまでミサイル艇中隊、揚陸艦中隊、潜水艦中隊が各一個駐屯しているだけであったが、九二年に米軍がフィリピンのスービック基地を撤退して以後、それに代わる海軍基地を東南アジア地区に求めてきた。その結果シンガポールは米国の同基地の使用を許可し、以来毎年一〇〇余隻の米海軍艦艇がシンガポールに寄港し、多数の米軍航空機がシンガポールの航空施設を使用している。しかし同基地の規模は小さく、各種施設は不完全で、航空母艦および空母を護衛・支援する大型艦隊を補給・支援する任務を満足させることはできず、寄港した空母艦隊は港外に停泊させざるをえない。二〇〇〇年四月米海軍作戦部長がシンガポールを訪問して、米海軍船舶が同基地に停泊し、補給などを受けるなどの事項について詳細な計画・規定に関する協議を行なった。何よりも注目したい点は、空母が停泊できる大型の深水浮き型埠頭の建設である。改修後の基地面積は八六ヘクタール、艦艇が停泊できる埠頭の長さは六・二キロメートルで、空母はもとより巡洋艦、駆逐艦以下の大型艦隊が停泊できる。第一段階の工事は二〇〇一年一月に着工され、付属施設はいくつかの段階に分けて建設され、二〇〇三年六月までに完成する計画である。また全自動化された地下弾薬庫が建造される。

米海軍がシンガポールにプレゼンスするようになれば、マラッカ海峡からインド洋、アラビア海に出動して、湾岸地区に駐屯する米軍を増援でき、また南シナ海から台湾海峡を監視し、日本本土—沖縄—台湾—フィリピン—シンガポールの第一列島線をより完全なものにすることができる。

中国は、「キティホーク」がシンガポールに寄港した同じ二一日に、米国では、ラムズフェルド国防長官がブッシュ大統領に国防報告を提出して、太平洋地域を新世紀における米国の主要な軍事行動区域とすることを建議したことに注目し、米軍が東南アジアに戻ってきたことと、「キティホーク」のシンガポール寄港、およびシンガポールの空母基地化は無関係ではない、と見ている。(59)

四　南シナ海と中国・ＡＳＥＡＮ

中国は冷戦後の世界に中国を中心とする「新国際秩序」の形成を提起して、一九八八年に南シナ海に進出し、以後着々と支配を固め、影響力を拡大しつつある。中国は紆余曲折はあるにしても、いずれは地域の経済大国・軍事大国に成長する。中国海軍はすでに南シナ海のシーレーンを脅かすに十分の戦力を保有している。旧式で稼動率が悪いとはいえ、多数の通常動力潜水艦と数隻とはいえ原子力潜水艦を保有しており、新しい潜水艦も建造しているほか、ロシアから性能の高いキロ級通常型潜水艦を購入し配備し始めている。これらの潜水艦を展開すれば、南シナ海のシーレーンを脅かすことができる。わが国ばかりでなく、台湾、韓国、東南アジア諸国に打撃を与えることができる。また中国は核保有国であり、核兵器で威嚇することができる。これに対して、これらの国は独力で中国の核威嚇に対抗する手段を保有していない。

中国は東アジア地域の六八パーセント、東アジア人口の六五パーセントを占める。この事実は、東アジアにおいて、一国で中国との力のバランスを取ることの出来る国は存在しないことを示している。東アジアの歴史は、東アジアのバランス・オブ・パワーが常に中国の力に左右されることを教えている。すなわち中国が統一されている時には、近隣諸国・民族は中国の強い影響力の下に入り、中国が分裂状態に陥って弱体化した時には近隣諸国・民族は中国の圧力から解放される。中国の台頭が東アジアにどのように影響を及ぼすかは、中国が主張する領土・権力・地位を中国が取り戻すことができるかどうか、あるいは中国が比較的弱体であるうちに、中国の動向を東アジア諸国が抑制できるかどうかにかかっている。

東アジア諸国はまとまる必要があるが、好むと好まざるとに関わりなく、その背後に米国の軍事力のプレゼンスは不可欠であり、それと結び付いた日本、韓国、台湾、東南アジア諸国との政治的軍事的に緊密な関係がなければならない。日米をはじめ国際社会は重要なシーレーンの安全航行を守るために、緊張緩和への外交努力に重大な関心を示している。予見できる将来におけ東アジアの秩序維持は、これまで通り米国を中心とした二国間安全保障条約である。冷戦後の流動化するアジアの安全保障環境に対して、わが国が主体的に秩序維持の役割を果たすのは時代の要請である。国連安保常任理事国入りを目指すわが国としては、地域の安全保障維持のために、より大きな責任を積極的に引き受ける必要がある。

註

（1）本章二で詳論する。
（2）「関注美済礁―訪国家海洋局深海海洋問題専家許森安先生」『海洋世界』一九九九年第七期四頁。
（3）拙著『続中国の海洋戦略』（一九九七年、勁草書房）第三章「中国のフィリピン海域への進出」を参照。
（4）拙著『甦る中国海軍』（一九九一年、勁草書房）第九章「南沙群島をめぐる中越紛争」を参照。
（5）"China accused of building more structures in Spratlys", *The Straits Times*, Nov. 6, 1998 ; "Manila fury at new Spratlys 'intrusion'", *South China Morning Post*, Nov. 6, 1998. 一九九八年一一月六日付け日本全国各紙。中国海軍艦艇の写真は "Drop Spratlys strategy, China told", *The Straits Times*, Nov. 7, 1998; "Manila looks for peaceful solution to Spratlys row", *South China Morning Post*, Nov. 7, 1998 に掲載されている。
（6）「中菲就南沙問題挙行磋商、達成広泛共認並発表聯合声明」『人民日報』一九九五年八月一二日。
（7）「南沙諸島の行動原則、中比首脳が確認」『朝日新聞』一九九五年一一月一九日。
（8）「中菲副外長会談後発表《中菲磋商聯合新聞公報》」『人民日報』一九九六年三月一六日。
（9）「南沙問題、船舶の規制で比と中国合意」『日本経済新聞』一九九六年三月三日。
（10）「中比南シナ海問題で協議、軍艦航行で取り決めへ」『朝日新聞』一九九六年七月二九日。

(11)「開始対菲律賓進行国事訪問、江主席同拉莫斯総統会談」『人民日報』一九九六年一一月二七日。

(12)「遅浩田与菲国防部長会談、双方表示将進一歩努力推動両国和両軍関係的発展」『解放軍報』一九九七年二月一八日、"Ramos calls for greater restraint over Spratlys", *The South China Morning Post*, Feb. 20, 1997.

(13)「遅浩田率団抵菲、料将商南沙問題及予菲軍援」『文匯報』(香港) 一九九七年二月一五日。

(14) 主要な出来事を次にあげる。九五年三月ダイナマイトなどを使って海亀、珊瑚などを密漁していた四隻の中国漁船と六二人の船員を拿捕、中国側の執拗な抗議で一〇月五八人を釈放、一二月船長ら四人は禁固刑となるが翌九六年一月恩赦で釈放。九七年五月スカーボロ礁付近で操業していた中国漁民二一人が違法操業の疑いでフィリピン海軍に拿捕。翌六月にはコタ島海域で操業中の中国漁船数隻にフィリピン海軍の警備艇が威嚇射撃。九八年一月にはスカーボロ礁付近で密漁中の二隻、二二人、さらに同年七月南沙諸島で密漁中の中国漁船二隻を拿捕、二三人の漁民を拘束。一二月同海域で六隻二〇人を拿捕。

(15) "Manila to protest against Chinese presence in Spratlys", *The Straits Times*, May 1, 1997; "Manila protest over Spratlys 'incursion'", *The South China Morning Post*, Apr. 30, 1997.「菲国抗議南沙異動指中国三軍艦四隻漁船美済礁遊弋」『星島日報』一九九七年四月三〇日。

(16) "Manila vows to keep China off isle, Philippine navy and lawmakers sail to disputed shoal off Subic port assert claim", *The Straits Times*, May 19, 1997; "Manila navy orderd to secureshoal, Scarborough also claimed by China, may become another flashpoint in region", *The Straits Times*, May 20, 1997.

(17)「中国政府要求菲律賓尊重歴史事実、立即停止侵犯中国領土」『人民日報』一九九七年五月二三日。

(18)「南沙の中国側構造物、ほぼ完成、写真公開し、懸念表明、比国防省」JIJI News Wide、一九九九年一月一八日。

(19) "Manila shows proof of Chinese 'buildup' on isles", *The Starits Times*, Feb. 11, 1999; "Manila on Beijin's moves, Mischief Reef complex 'all set for Military use'", *Ibid*., Feb. 18, 1999. 一九九八年一一月一一日付けわが国全国各紙。

(20) "China 'building new structure' on disputed Spratlys", *The Straits Times*, Jan. 18, 1999. "Reef Wars", *Far Eastern Economoc Review*, March 8, 1999, pp. 18-20 に現場の情況がよく分かるカラー写真が掲載されている。

(21)「ミスチーフ礁の建造物をめぐる中国との対立」『東南アジア月報』一九九八年八月号一〇六頁。
(22)「関注美済礁―訪国家海洋局深海海洋問題専家許森安先生」『海洋世界』一九九九年第七期五頁。
(23)前掲拙著『続中国の海洋戦略』七八頁。
(24)「比軍が中国漁民逮捕、南沙群島違法操業の容疑」『読売新聞』一九九二年三月二四日、「南沙で中国漁民逮捕」『朝日新聞』一九九二年八月三〇日。
(25)「在南沙被捕大陸漁民、菲軍方疑為共軍偽装」『中国時報』一九九五年三月二八日。
(26)“Chinese fishing fleet back in force in Kalayaan Islands”, *The Manila Cronicle*, March 16, 1995.
(27)「南海休漁第一天」『人民日報』一九九九年六月二日。
(28)「百万漁民伏季休漁在即」『人民日報』二〇〇一年五月三一日。
(29)「中国の一万隻が夏期休漁、タチウオの養魚保護」『新華社』一九九五年八月一八日(『中国通信』八月二四日)。
(30)「中国の一方的な休漁期間設定に不快感、南沙問題で比国防相」JIJI News Wide、一九九九年三月二六日。南シナ海の漁業とは直接関係ないが、フィリピン海域でフィリピン当局に拿捕された中国漁船のなかに、南太平洋のマーシャル諸島周辺海域での漁業に向かう中国の漁業船団が無許可との理由で拿捕されたことがある。中国の積極的な遠洋漁業を示す出来事として注目される。「菲海軍拘十地大陸漁民、中方提出釈放人船要求無回応」『星島日報』一九九七年五月七日。
(31)前掲拙著『続中国の海洋戦略』第一章「中国の西沙諸島・永興島飛行場建設」。
(32)著者が台湾の軍事関係者から得た情報による。
(33)前掲拙著『続中国の海洋戦略』を参照。雨水地下タンクの完成については、「西沙甘泉天上来」『解放軍報』一九九九年六月一八日、「西沙軍民五〇年〝自来水夢〞夢想成真、西沙群島雨水収集工程正式投入使用、駐島軍民告別吃水長期靠船運的歴史」同一九九九年七月三〇日。
(34)前掲拙著『中国の海洋戦略』五三頁以下参照。
(35)前掲拙著『中国の海洋戦略』五九頁。
(36)前掲拙著『続中国の海洋戦略』七六〜七九頁を参照。

(37) 「南シナ海の領有権問題、紛争回避に『行動基準』」『日本経済新聞』一九九九年七月一七日。

(38) 「南沙諸島、マレーシアが軍事建造物?」『東京新聞』一九九九年六月二三日。"Manila may protest to KL over Spratlys", *The Strait Times*, June 23, 1999; "Manila to file protest against KL", *The Strait Times*, June 24, 1999.

(39) 「比、マレーシアの建造物拡充に抗議、南沙諸島問題」『日本経済新聞』一九九九年六月二四日。

(40) 「南沙諸島、マレーシアが建造物、領有権争い、フィリピン『侵入』と抗議」『読売新聞』一九九九年六月二五日。"Manila lodges protest over Spratlys structures", *The Strait Times*, June 25, 1999.

(41) 「外交部発言人答記者問、馬来西亜在南沙修築施設是対中国領土主権的侵犯」『人民日報』一九九九年六月三〇日。

(42) 「南沙諸島に建造物、マレーシアが建設か、比が抗議」『日本経済新聞』一九九八年四月七日。

(43) 「南シナ海の行動規範案要旨」JIJI News Wide、一九九九年七月一八日、およびわが国の全国各紙より作成。

(44) 一九九九年一一月二六日付けわが国全国各紙。

(45) 「中国為何婉拒《南海準則》?」『文匯報』(香港)一九九九年一一月三〇日。

(46) "Philippine Military Plan Top-Botom Overhaul, Philippine Policy Targets External Threats Over Internal", *Defence News*, March 13-19, 1995; "Philippine Upgrade Draws a Crowd, Contractors Jockey for $12 Billion Modernization Effort", *Ibid*., March 13-19, 1995 も参照。

(47) "1997 Ignites Philippine Modernization Venture", *Defence News*, March 31-April 6, 1997.「フィリピン海空軍近代化に二二〇〇億円、南沙問題で中国牽制」『日本経済新聞』一九九七年六月二五日。

(48) 「米軍との地位協定、比上院で審議進む」『産経新聞』一九九九年五月一五日。

(49) 前掲拙著『甦る中国海軍』一三〇~一三四頁。

(50) 「西沙群島事件、米は介入せず、国務省筋語る」『毎日新聞』一九九四年一月二〇日

(51) 「中越南沙主権紛争、美表明不参与其事」『文匯報』(香港)一九八八年五月三日。

(52) 「南諸島問題には不介入、米国公式文書に対処方針明記へ」JIJI News Wide、九五年二月一九日。

(53) 前掲拙著『続中国の海洋戦略』六八~六九頁。

(54)「米国による多国間協議開催の提案」『東南アジア月報』一九九九年一月号一〇六頁。
(55)「ASEANフォーラム、中国独自路線に固執、米は静観機能低下の危機に」『読売新聞』一九九九年七月二七日。
(56)「対岸の中国にらみ互いに利益、米比四年ぶり合同軍事演習」『朝日新聞』二〇〇〇年二月二九日。「美菲〝協作二〇〇〇年〟軍事演習透視」『瞭望新聞周刊』二〇〇〇年第十三期（三月二七日）二二頁。
(57)「米国、アジア『多国間安保』に照準」『朝日新聞』二〇〇〇年五月二四日、「米と東南アで多国間演習、歴訪の米国防長官、タイ首相らと合意」『読売新聞』二〇〇〇年九月二〇日。
(58)「美菲〝協作二〇〇〇年〟軍事演習透視」『瞭望新聞周刊』二〇〇〇年第一三期（三月二七日）二二頁。
(59)「美軍重返東南亜」『解放軍報』二〇〇一年三月二六日、「美国〝小鷹〟落脚新加坡」『中国海洋報』二〇〇一年三月二八日。

第七章　海洋実効支配の拡大を目指す中国

――米中軍用機接触事故の意味するもの

二〇〇一年四月一日に、中国の海南島東南海域上空で起きた米軍偵察機と中国軍戦闘機の接触事故について、その背景を探るのが本章の目的である。今回の事故は、成長する中国の軍事力とそれを偵察し情報を収集する米国との間に起こった出来事であり、中国の軍事力は今後ますます増強すると考えられるから、このような事故は再び起きる可能性がある。事故についての報道は、どのようにして接触事故が起きたのか、どちらに責任があるのか、といった問題に集中してしまっているが、それよりも中国の軍事力が今後伸張して行くとして、中国の周辺にどのような事態が生じるかを見極めることが急務である。

一　米軍偵察機は何を偵察していたのか

米軍偵察機は何を偵察していたのか。中国軍の動向を偵察する一般的任務であったのか。それとも何か特別の任務があったのか。

1　中国軍の兵器・装備、軍事訓練・演習などの偵察

一九八〇年代に鄧小平が断行した軍事改革（八五年の「百万人の兵員削減」はその中心）により、全面的な再編成を行なった中国軍は、九〇年代に入ると、「ハイテク条件下の局部戦争」を目的とする大規模な軍事演習を各大軍区あるいは作戦対象に応じて大軍区を越えて作られた戦区で頻繁に行なっている。これらの軍事演習は、そうした兵器の性能あるいは部隊の訓練を検証する目的で実施されている。これらの軍事演習は各大軍区が当面する対象および紛争を想定しているが、台湾侵攻を目的とする大規模な軍事演習も頻繁に実施されている。(1)

他方湾岸戦争やコソボ紛争が示しているように、中国が台湾に軍事力を行使した場合、米軍のステルス攻撃機、巡航ミサイルなどのハイテク兵器による中国沿岸地域の攻撃を受ける。そこで中国軍はそれに対処する防御態勢を整えている。(2)

米軍偵察機はそうした中国軍に配備された兵器・装備、訓練・演習の実態を偵察している。ロシアからの兵器導入について一言述べておくならば、SU27戦闘機、キロ級通常動力潜水艦、ソブレメンヌイ級ミサイル駆逐艦、S300対空ミサイルなどの先進兵器で、キロ級潜水艦はそれまでの中国の潜水艦と比べて静粛であると言われており、すでに中国大陸周辺海域において実戦訓練を繰り返している。ソブレメンヌイ級駆逐艦は搭載するサンバーン超音速ミサイルが空母やイージス艦を攻撃する能力を

備えていることで、冷戦時代米国が恐れた軍艦である。今回の接触事故に関連して、米軍機がこの駆逐艦の上空を旋回していたとの情報がある。(3)

2 台湾正面の中国の軍事力、特に弾道ミサイルの配備状況の偵察

次に考えられることは、台湾正面の福建省に建設されている「東風11・15」短距離弾道ミサイル基地の偵察である。中国軍の台湾軍事侵攻の大前提は、台湾海峡の制空権を掌握できるかどうかにかかっているが、現在の中国空軍には台湾海峡の制空権を掌握するだけの十分な能力はない。そこで「東風11・15」で台湾の空軍施設、例えば滑走路とか、レーダーサイト、あるいは各種電子施設などを破壊する。現在、そして近い将来において中国軍が保有する軍事力のなかで、台湾に対して最も現実的で効果的な力を発揮できる軍事力は、「東風11・15」である。(4) 核弾頭を搭載したミサイルで攻撃するといって、台湾住民を威嚇してパニックに陥れる心理的効果も狙っている。

九五年夏と九六年春に、中国軍は台湾近海に「ミサイル発射訓練」と称して「東風11・15」を打ち込んで、その能力と意図を示した。西側の情報によると、これらのミサイルは九五〜九六年には三〇〜五〇基程度であったが、現在は一五〇〜二〇〇基に増加し、数年後には六五〇基に増加する見通しという。(5) 台湾はそうしたミサイル攻撃に対処するために、米国からTMD、特にイージス艦を導入しようとしているし、米国も台湾への供与を計画している背景には、このような事態の進展がある。それ故にこそ、中国はイージス艦の台湾配備に執拗に反対している。

3　中国の原子力潜水艦とＳＬＢＭの情報収集

米軍偵察機が偵察していると考えられるもう一つの重要な対象は、中国海軍の原子力潜水艦およびそれを搭載する水中発射弾道ミサイル（ＳＬＢＭ）の動向である。

建国以来の五〇年間で、中国が軍事力建設で最も重点を置いてきた軍事力は、メガトン級の核弾頭を搭載して米国に届く大陸間弾道ミサイル（ＩＣＢＭ）および原子力潜水艦搭載弾道ミサイル（ＳＬＢＭ）の開発である。この決定を行なった毛沢東は、それにより中国は米国あるいはソ連と政治的に対等に渡り合うことができると考え、国家の総力をあげて戦略核戦力の構築に集中してきた。そして台湾を威嚇し攻撃できる短距離弾道ミサイル（「東風11・15」）、日本をはじめとして中国大陸の周辺諸国を威嚇し攻撃できる中距離弾道ミサイル（「東風21」）は完成しつつあるが、肝心の米国に届く信頼性の高い弾道ミサイルはまだ開発されていない(6)。九九年八月、射程八〇〇〇キロメートルの大陸間弾道ミサイル「東風31」が最初の発射実験に成功し(7)、ついで二〇〇〇年一一月二回目の発射実験が実施された(8)。なおその間の二〇〇〇年六月にも発射実験が行なわれるとの情報があった(9)。だがこのミサイルは米国の西海岸に到達できる能力しかない。そのため中国は、「東風31」を改良して原子力潜水艦に搭載して西太平洋に展開すること、および米国東部海岸に到達する射程一万二〇〇〇キロメートルの大陸間弾道ミサイル「東風41」の開発・実戦配備に懸命になっている。

「東風31」の二回目の発射実験が公表された直後の二〇〇〇年一二月、原子力潜水艦搭載型の「東風31」の改良型弾道ミサイル（「巨浪2」）の発射実験が行なわれたとの情報[10]、続いて新しい原子力潜水艦（発射管一六基）が完成したとの情報が流れた[11]。信憑性はともかくとして、新しい原子力潜水艦とそれに搭載する弾道ミサイルの開発・実戦配備により、中国は米国東部地域まで直接核兵器で攻撃・威嚇できるようになる[12]。

中国は「一国二制度」により台湾の「平和統一」を意図しているが、台湾がこれを受け入れることはない。それ故中国は台湾統一のためには、何らかの形で軍事力を行使しないわけにはいかない。その場合中国は、米国が「台湾関係法」に基づいて、米国の軍事介入を想定せざるを得ない。米国は間違いなく台湾近海に空母を派遣するであろう。その場合中国は核兵器で米国を攻撃すると威嚇して、米国に対して台湾問題から手を引けと脅すであろう。米国は核弾頭を搭載した中国の弾道ミサイルで米国の大都市を攻撃される危険を冒しても、台湾を軍事支援するであろうか。だが中国による台湾の統一は、米国のアジアからの後退に繋がる。台湾が中国に統一されることを米国は容認することはできない。

米国が「米国本土ミサイル防衛（ＭＮＤ）」構想の構築を真剣に検討しているのはそのためであり、他方中国が米国が同計画を具体化することに激しく反対している[13]背景には、このような問題が米中間に存在しているからに他ならない。

米国は中国の核戦力の動向に最大の関心を払っている。米軍偵察機の偵察活動の最大の目的は、中国の大陸間弾道ミサイルおよび原子力潜水艦発射弾道ミサイルの開発状況である。そのような流れの中に今回の接触事故を置くならば、米軍偵察機は中国の原子力潜水艦の活動の偵察・情報収集を行なっており、中国の原子力潜水艦に接近する米軍偵察機と執拗にそれを阻止しようとする中国戦闘機が接触したと推定しても、それほどおかしくはないであろう。

中国の大陸間弾道ミサイルおよび原子力潜水艦発射弾道ミサイルの開発は完成していないから、今後も続く。完成すれば中国周辺海域、やがては西太平洋に展開されることになる。このように考えるならば、米軍偵察機による偵察・情報収集が実施されなくなることはないし、従ってそれを阻止しようとする中国軍戦闘機の行動は続くし、益々熾烈になってくるであろう。上空ばかりか、海面および海面下での対潜水艦作戦が遂行されることになる。

二　海南島周辺海域は潜水艦の「聖域」

次に接触事故が海南島に近い空域で起きたという点に注目して、海南島周辺で、何か特に偵察する必要のある事態が生じていたと仮定して、考えてみよう。

中国が台湾を軍事統一する場合、海南島は重要な位置にある。海南島は南海艦隊司令部のある湛江と指呼の位置にある。中国が台湾を軍事統一する場合、中国軍の南京軍区と東海艦隊、および広州軍区と南海艦隊が主攻任務を担当する。九九年七月に李登輝総統が台湾と中国は「特殊な国と国との関係」、いわゆる「二国論」を唱えた時、中国軍は同年九月南京軍区・東海艦隊と広州軍区・南海艦隊で同時に大規模な軍事演習を実施して、台湾軍事統一の意思と能力を誇示した。[14] また台湾を南側から海上封鎖する上でも、重要な位置にある。海南島には海空軍基地があり、しばしば大規模な軍事演習が実施されている。[15] また湛江に駐屯する海軍陸戦隊（旅団）は、海南島あるいは西沙諸島で頻繁に上陸作戦・対上陸作戦を実施している。また最近海南島の上空（領空）に、細長い「飛行制限区域」が設定され（地図9を参照）、空中給油訓練が実施されていると推定される。[16]

さらに海南島の東南約二五〇キロメートルの位置に西沙諸島が展開しており、同諸島の東から南にかけての海域には、バシー海峡とマラッカ海峡を結ぶシーレーンが通っている。さらにシーレーンの南側、フィリピンが領有を主張するミスチーフ礁（美済礁）を実効支配して以来、中国はここに海軍基地と推定される施設を構築しつつある。[17]

中国は七〇年代早々から、将来における「海洋の時代」を見通して、西沙諸島の開発・利用を進めてきた。先ずその主島・永興島に二〇〇〇～三〇〇〇トンの船舶が停泊できる港が作られ、この島を拠点として、西沙諸島の要塞化が進行した。七四年一月南ベトナムが領有する西沙諸島を軍事力で占領して、西沙諸島の全域に支配を確立し、同島の整備を進めてきた。八八年前後に一年程度の期間で、長さ二六〇〇メートルの滑走路を持つ本格的な航空基地が建設され、以来十数年の期間でほとんど完成に近づいていると見られる。中国空軍の最新鋭戦闘機ＳＵ27はもとよりジャンボ機も発着できる。ただし小さな島であるから、前線基地として機能するには制約があるが、海南島の前哨基地としてかなりの作戦を行なうことは可能である。[18]

海南島と西沙諸島一帯の海域は中国海軍にとって「聖域」であると思われる。特にこの海域は潜水艦の訓練、実験に使用されていると推定される。何故ならば黄海や東シナ海は安全ではあるが、水深が浅い。南シナ海は深いから、潜水艦の訓練・展開には適している。九九年一月、海南島の椰林海軍基地に七ヵ月ばかり前に配備された「新型潜水艦」（明級改良型潜水艦と推定される）が、南シナ海で各種の訓練を実施していることが報じられた[19]。SLBMを搭載した原子力潜水艦の航行、訓練などもこの海域で実施されている可能性は十分にある[20]。

地図 9　米中軍用機接触事故現場と海南島周辺空域

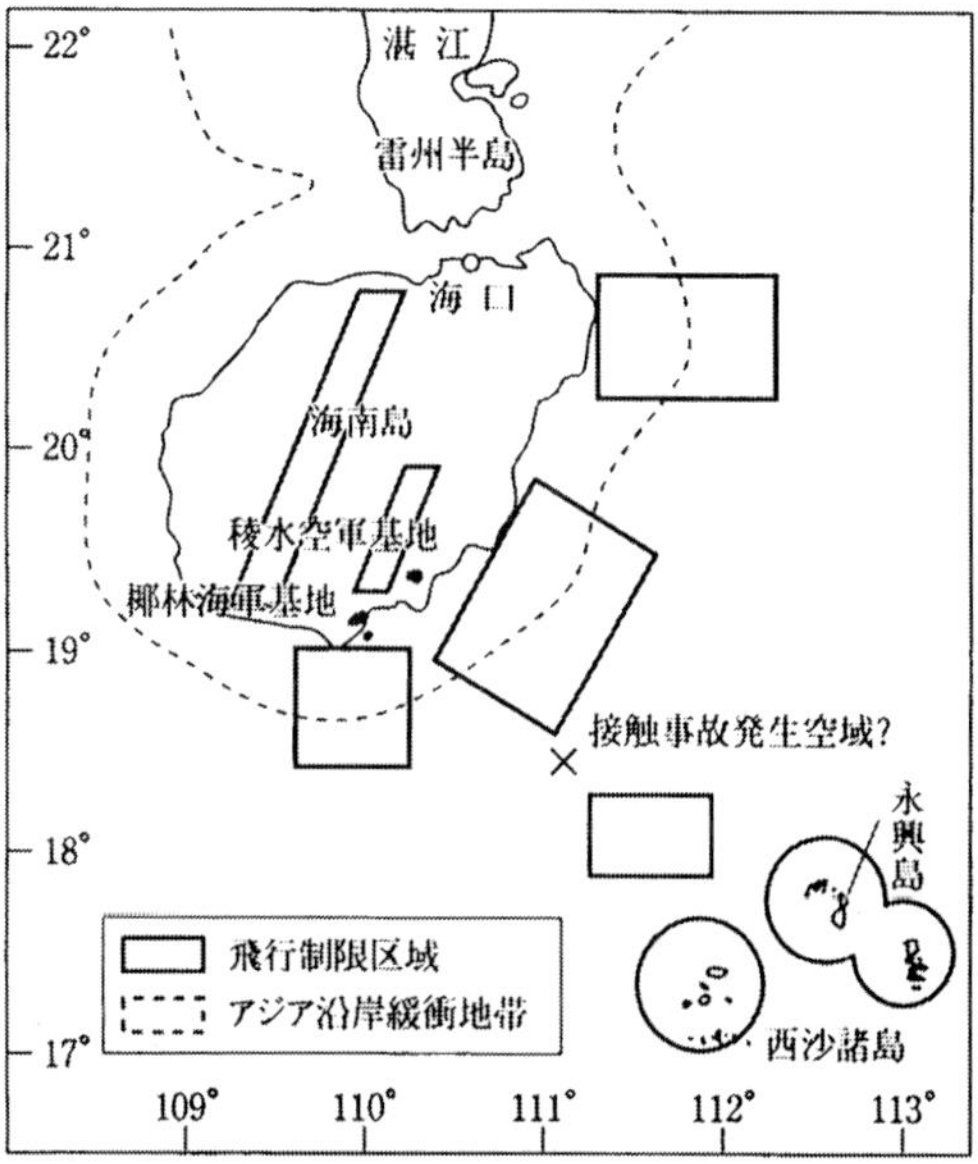

（出所）　Defence Mapping Agency, Operational Navigation Chart, U.S.A. 1970年作成、1988年改訂を基に著者が作成。

　注目したい点は、海南島の東側から南側にかけての海域の上空に、四ヵ所の「飛行制限区域」（ZGD）が中国軍によって設定されている[21]（地図9を参照）。空軍の訓練空域であるが、今回の接触事故は稜水空軍基地沖の「飛行制限区域」に非常に近く、その東南の西沙諸島の西端に広がるもう一つの海域の「飛行制限区域」の間の海域上空で起きたようである。接触事故は海南島の東南一〇四キロメートルの地点で起きたと発表されている。これらの「飛行制限区域」は中国軍が設定したものであり、国際法で認められたものではなく、この上空は「公海の上空」であるから、米国側が執拗に「公海の上空であるから、米軍機に責任はない」と主張するのは間違っていない。しかし「飛行制限区域を侵犯する」航空機は、「警告なしに発砲されることがある」、「最新の情報に注意するように」と、地図9の米国国防省地図局作成の「作戦航行地図」に書かれている。(22) 因みに上記「飛行制限区域」(ZGD)の〃Z〃は'Zhenguo'(中国)、〃G〃は'Guangzhou'(広州)、〃D〃は、'danger'の略であるから、この空域は極めて「危険な空域」ということになる。

偵察機乗員の帰国後米国政府がまとめた米中軍用機接触事故に関する機密報告の内容を知る複数の当局者の話によれば、中国軍戦闘機は米軍偵察機に対して挑発的な接近を試みる「空中チキン・レース」と言われる追撃を仕掛け、これが直接の原因となった。中国南部周辺の公海上空で、中国の軍事情報収集活動を行なう米軍機に対して、中国軍機が過去にも威嚇目的で異常な接近を試みた例があり、米国は数ヵ月前に、中国政府に対して正式に抗議の申し入れを行なったという。(23)

また「米国上院情報特別委員会などで要職を歴任し、アジア通として知られる」ある共和党議員は、米国NBCテレビの番組で、王偉パイロットは「南シナ海上空で過去に何度も米軍偵察機を追尾し、米軍には〃馴染みの顔〃であった。米軍は日常の偵察活動でスクランブルを仕掛けてくる個々の中国軍飛行士を一人一人特定している」。「米軍の偵察活動は日常的に行なわれており」、「中国にとっても、何も驚くには当たらなかったはずだ」と述べている。[24]

中国の軍事情勢に関する内外の文献を紹介する雑誌の九九年一一月号に、次のような文章が転載されている。五四年の創設以来中国海軍航空部隊は、二三九機の敵機（米軍と中華民国）を撃墜したが、米国と友好関係に入って以後戦闘はない。しかし「その後の三〇年間、中国の海域・空域が平静であったことは一日もなく」、「異国の偵察機が常にわが海域の上空を窺っており、わが海軍航空部隊はいつも緊急発進して、侵犯する航空機を国門の外に追い出し、堅強無比の海空の鋼鉄の長城を築いている」と書いている。[25]

米国の偵察活動とそれに対する緊急発進が日常的に実施されていたとすれば、この時期に、しかも海南島周辺海域で何か特別に偵察する必要のあるような事態が進行していたのか。それとも中国軍側に「攻撃的」「挑発的」な行動を米軍機に対してとる必要な事態があったのか。局外者には分かるすべもないが、これまで述べてきたように、米国機の偵察活動の最大の目的が中国の原子力潜水艦とそれに搭載する弾道ミサイルであり、近年しばしば流される原子力潜水艦とSLBMに関する情報を考えるならば、米軍偵察機はそれに関する情報を取ろうとして、「飛行制限空域」に接近し、中国軍戦闘機はそれを執拗に阻止しようとしたのであろうか。繰り返しておくが、米国側が主張するように、米軍機が飛行していた空域は「公海の上空」であるから、米軍機に国際法上の過失はない。今回接触事故が起きたことから、そのような危険な空域で危険な活動が日常的に行なわれていることが外部に知られただけのことである。そして米国に届く戦略核戦力の構築という目標を中国が追求している限り、米軍機の偵察活動は続けられ、今回のような事故がまた発生することは十分にありうる。

これに関連して、興味ある出来事が二〇〇〇年一一月と一〇月に起きている。同年一一月一五日付けロシアの『イズベスチィア』紙は、国際インター・ファックス通信が伝えたニュースとして、同年一〇月一七日と一一月七日に、米国の空母「キティホーク」が日本海で日本と協同軍事訓練を実施している期間に、ロシア空軍のSU27戦闘機およびSU24MR偵察機、二機のIL38偵察機がそれぞれ空母と空母を護衛する艦艇の防空・早期警戒レーダー網を突破して、同空母の上空を超低空飛行し模擬攻撃した後急上昇することに成功したと報じた。「もしこれらの航空機が戦争の任務を持っていたならば、空母は間違いなく沈没した」と『イズベスチィア』紙は論評した。翌一六日米国海軍スポークスマンは談話を発表してその事実を認めたが、ロシアの報道には「誤解と誇張」があると指摘し、「米軍が早期警戒と防空態勢を準備していない条件下で起きた」として、「奇襲攻撃」ではないと当時の状況を説明した(26)。

中国軍はこの出来事に非常に注目しており、ロシア軍用機の行動を高く評価している。中国軍内部で大きく報じているところから(27)、中国軍の士気高揚に一役買っていて、今回のパイロットの行動に少なからぬ影響を及ぼしているのではないかと思われる。それらの記事の一つは、九九年一一月一一日の中国空軍創設五〇周年に当たって、江沢民主席が「強大な現代化された攻防兼備の人民空軍を建設するために奮闘しよう」という題辞を書いたことに触れている(28)。二〇〇〇年一二月以来、中国の戦闘機は米軍偵察機を四四回追跡し、うち六回は九メートル以内、二回は三メートル以内に接近した、とラムズフェルド米国防長官は指摘しており(29)、タイミングは一致する。

米軍の偵察機は四発のプロペラ機で非武装である。中国の沿岸空域に近付いて、中国軍の軍事拠点や船舶からの通信、レーダー電波を傍受して、中国軍の動きを監視する。こうした危険を冒さなければ、精度の高い情報は得られない。米国は中国を「潜在的な軍事大国」として、将来は経済的にも軍事的にも強大なライバルになるとみている。中国の軍事動向は、米国の安全保障に影響を及ぼす。今回の接触事故は、中国の軍事情報を得ようとする米国の大胆な行動と、これを阻止する中国軍側の強い反応・意思が引き起こした出来事といえる。危険な情報活動に際限はない(30)。

三　「排他的経済水域」の「上空空域」の権利を主張する中国

今回の事故で中国側が米軍機に責任を課している問題の一つに、米軍機が排他的経済水域の「上空空域」で、中国の安全を脅かし、中国の国益に反する活動を行なったとの非難・抗議である。どういう理由からか、中国は「防空識別圏」を設定していない。「防空識別圏」は各国が防空上の理由から設定した空域を指す。国際法で認められているものではないが、航空機は外国の領空を飛行する場合には、その国の許可を得なければならない。防空部隊は他国の航空機が許可なく領空に接近しないように、「防空識別圏」の外で航空機を識別し、無通報の航空機が接近すると退去させ、あるいは侵入してきた航空機を強制着陸させる。

地図9で使用した米国国防省地図局編「作戦航法地図」では、中国大陸の沿岸に沿って幅約二四マイル(約四五キロメートル)の海域上空に、「アジア沿岸緩衝地帯」(Asian Coastal Buffer Zone)という地帯が設けられている。これは中国が「防空識別圏」を設置していないところから、西側が便宜的に設けたもので、これより内側に許可なく入ると、スクランブルを掛けられ、危険であることに注意を喚起した地帯である。だがこの地帯は中国の戦闘機の性能、航空管制能力の向上により、この地帯を越えて、外に向かって伸びてきていると考えられる。「上空飛行の自由」は、中国により恣意的に適用される。そのことはまた米軍機が中国の防空能力を確認したくて接近していることを想像させる。だがそれよりも今回の事故で明確になったことは、中国が「排他的経済水域」の上空空域を自国の「専管空域」にしようと意図していることである。

事件から三日後の四月四日に行なった談話で、江沢民主席は「米国はこのように中国から近いところで常に偵察飛行を行い、今回は中国機と衝突した」。「米国は中国沿海空域でのこのような飛行を停止すべきだ。そうしてはじめて、この種の事件の再発を防ぐことができ、米中関係の発展にも有利になる」[31]と述べた。この談話を受けて同日事件の詳細と中国の立場を説明した外交部スポークスマンは、「中国軍機は中国沿海の排他的経済水域で米軍偵察機を追跡・監視しており、それは完全に正当なもので、国際法に合致している」との立場に立って、(事件後の米国側の発言を批判して)「米機の偵察行動は『上空飛行の自由』の原則に反している」と批判した。[32]

国連海洋法条約によると、すべての国は他国の排他的経済水域の上空を自由に飛行することができる（第五八条）が、同時にこの自由を行使する場合には、沿岸国の権利を適切に考慮しなければならないと規定されている（第五八条第3項）ことを指摘し、米軍偵察機は中国沿海上空で中国に対して偵察活動を行ない、「上空飛行」の範囲を越え、「上空飛行の自由」の原則を乱用し、違反し、中国の安全と利益に対する重大な脅威となっている。国の安全を守り、米軍偵察機を監視する中国軍機の行為は正当なものである。米軍機が飛行ルールに違反して中国軍機を墜落させたことに対して、米国は当然全責任を負わなければならない。これに関連して、米国の今回の行為は、昨年六月、海上における危険な軍事行動を回避することに関する中米間の合意（後述）にも違反している。

さらに四月五日付け『人民日報』の評論員論文「覇道の行動と覇権の論理」は、米国は「覇権の論理」で、「接触事件の責任は中国の軍用機が米国機を追跡・監視したことにある」と述べて、「自己の覇道の行動を正当化している」として、次のように米国を批判する。[33]「これは強盗が他人の玄関先にやって来て騒ぎを起こしても、そこの人は止めさせられない」ようなものである。国連海洋法条約によれば、外国の飛行機は排他的経済水域において「自由に飛行する」権利を有するが、それは必ず沿岸国の法律と国際法の規定を守り、沿岸国の主権、安全、国家利益に危害を与えない活動であることが前提となっている。ところが米国の軍用機は中国の近海上空にしばしば出没して、偵察飛行を行ない、中国の主権に挑戦し、さらに正当に追跡・監視している中国の航空機に衝突して破壊した。これは国際法に違反しているばかりか、中国の安全と国家利益に危害を与えた。米国は国際法の「飛行自由」の原則に違反している。

続いて六日付け『解放軍報』評論員論文は、「多年来米軍の軍用機はわが国の近海上空で、この種の危険な挑発活動を停止していない」。「われわれは米国の未だにあの『冷戦』思考を離していない先生方に尋ねたい。もし他国の軍用機がハワイ付近の空域で、偵察を行なった場合、あなた方はそのような『国際慣例』と『飛行の自由』を容認できるのか」と設問し、「米国は中国沿海空域でのこの種の飛行を停止する」ことを要求し、「このようにしてはじめて、同じような事件の再発を防止することができ、また米中関係の発展に有利となる」と指摘した。(34)

確かに国連海洋法条約は第五八条で、先に紹介した中国側の主張が規定されている。そして海洋法条約に基づいて、九八年に制定された中国の「排他的経済水域および大陸棚法」は、「いかなる国家も、国際法と中華人民共和国の法律・法規を遵守する前提の下に、中華人民共和国の排他的経済水域において、航行および飛行の自由を有する」(第一一条)と規定しているが、続いて「中華人民共和国の排他的経済水域および大陸棚で中華人民共和国の法律・法規に違反する行為に対しては、必要な措置をとり、法律に従って法律責任を追求し、併せて緊追権を行使できる」(第一二条)としている。(35)

問題は「沿岸国の権利および義務に妥当な考慮を払う」および「沿岸国の規定する法令を遵守する」をどのように解釈し適応するかであろう。これは国際法の専門家の問題であり、門外漢の著者が論じる問題ではないが、中国はこの条文を拡大解釈して、「沿岸国の主権、安全、国家利益に危害を与えない活動であること」とし、米軍偵察機は「上空飛行の自由」の原則を「乱用し、違反し、中国の安全と利益に対する重大な脅威」を与えたとして、米軍機の偵察活動を停止させようとしている。またわが国の東シナ海上空の「防衛識別圏」は、わが国が主張する「排他的経済水域」よりも中国側に入って設けられていることを考えるならば、中国が「排他的経済水域」上空空域での外国の航空機、特に軍用機の飛行を制限することを一概に非難することはできないが、中国の主張する「排他的経済水域」あるいは大陸棚の範囲には、後述するように大きな問題がある。

最後に、「二〇〇〇年五月の海上における危険な軍事行動を回避することに関する米中間の合意」について、触れておきたい。

九四年一〇月下旬、北朝鮮の核疑惑をめぐる緊張で朝鮮半島に派遣されていた米軍空母「キティ・ホーク」が、黄海の公海上で中国の「漢級」攻撃型原子力潜水艦に遭遇するという出来事が起きた。同空母の対潜水艦哨戒機S3が追跡したところ、中国海軍の戦闘機三機が緊急発進して接近した。緊張状態は三日間にわたって続き、米国政府高官が「事態は深刻であった」と認めるほどであったという。中国側が発砲するなどの最悪の軍事行動をとることはなかったが、事件後中国側は北京駐在の米国武官に対して、「再度このような事件が起これば、撃ち墜とす（China's orders will be to shoot to kill）ことを命じる」と厳しく警告したという。(36)

この「遭遇事態」は公表されなかったが、同年一二月中旬米国の『ロスアンゼルス・タイムズ』紙が報道して明るみに出た。米国国務省は「キティホークは公海上で通常のパトロール航海をしていただけであり、潜水艦と遭遇した場合、相応の措置をとり追跡する権利がある」と米国側に非はないとした上で、「これは事件と呼べるかどうかは分からない。米国政府はこの件で、中国政府とも一切外交折衝はしていない」と述べた。しかしこの「出来事」はペリー国防長官が中国を訪問して、「天安門事件」で中断していた中国との軍事交流がようやく本格化した直後に起きたことで、ブッシュ政権にとって衝撃的な出来事であったと思われる。『ロスアンゼルス・タイムズ』紙は「同海域で中国の潜水艦を見つけることはこれまでほとんどなかった」ことであり、八〇年代以降中国海軍の周辺海域への進出が顕著となり、作戦範囲を広げつつあるなかで起きた。「今回の事件は、米中海軍間の紛争の潜在性が高まっていることを示している」と警鐘を鳴らした。

他方中国側は事件当時外交部の定例記者会見で、「関連する報道に注意しており、現在事情を調査中である」との簡単な説明をしただけであった[37]が、翌年になって『中国青年報』は、「中米海軍、黄海で睨み合い」「挑発に反撃」の見出しで、中国の報道機関として初めて事件の内容について報道し、米軍の行動を「他人の玄関先で騒ぎを起こし、自分に都合のいいように言い訳している」と非難した。[38]ただしこの出来事が契機となって、両国間に海上での偶発事故を防止するための協議が始まり、二年余りの交渉の結果九七年一〇月の江沢民主席の訪米の直前に原則合意に達し、翌九八年一月訪中したコーエン国防長官と遅浩田国防部長の間で「海上安全保障協議システムを確立し強化することに関する協定」が調印された。[39]

「米国と海上軍事安全協議制度の協議を達成したことは、中国がすでに世界の最も強大な国家と対等に対話できることを十分に説明している」と、中国の海軍関係の雑誌『艦船知識』は書いた[40]が、協定の内容は公表されておらず、江沢民主席とクリントン大統領との首脳会談に関する共同声明において、「米中双方の海軍・空軍の偶発事故、誤解や誤った判断を回避するのに役立つであろう」と謳われているだけである。[41] この種の事故防止協定は一般に共通の無線の周波数など通信手段や信号などを詳細に定めているが、この協定は協議を進めて行くことを決めただけで、「具体的な中身は白紙状態」と言われている。米国側が軍事当局者間での幅広い対話を進めるための枠組み作りを目指したのに対して、中国側はそのような枠組みに組み入れられることに抵抗を示したようである。

だが米国側の執拗な働き掛けにより、二〇〇〇年五月三〇日～六月二日の協議で、「海上における危険な軍事行動を回避することに関する米中間の合意」に達した。[42] その内容も当時公表されなかったが、今回の事故に際して中国側から公表された。「両国間の軍用機が国際空域で遭遇した場合、双方は現行の国際法と国際慣例を適切に遵守し、相手方の飛行の安全を適切に考慮し、危険な接近を防止し、衝突を回避しなければならない[43]」というものである。だが具体的な内容にまで、協議は煮詰まっていなかったと思われる。

冷戦時代に米国とソ連の間でも同じような事態がしばしば生じたが、やがて危険な事態を避けるルールが作られ、危機を回避するメカニズムが構築された。米国が中国との間に同様のルール作りに懸命に努力しているうちに、今回の事故が起きてしまったことになる。今回の事故を契機として、両国間で、海域・空域を含めた偶発事故を防止する措置が具体化することが期待されるが、恐らく中国側は、中国大陸周辺空域における米軍機の偵察行動の停止を求め、かつ軍用機の「排他的経済水域」の

「上空飛行」を認めない方針を執拗に提起してくると思われる。

四 「戦略的辺疆」と中国を中心とする「国際新秩序」の形成

1 「排他的経済水域」の「上空空域」と「戦略的辺疆」

「排他的経済水域」の「上空空域」に対する権利の主張は、「戦略的辺疆」の考え方に通じる。「戦略的辺疆」についてはすでに本書の第一章で紹介し、問題点を論じた。中国はこの考え方に依拠して、中国大陸周辺の「三〇〇万平方キロメートルの海洋管轄区域」、具体的には黄海、東シナ海、南シナ海を「中国の海」であると主張して、海上で「戦略的辺疆」の拡大を意図している。最近十数年来の中国の目覚ましい海軍の成長と海洋進出の背後には、こうした「国防発展戦略」に関する論議がある。そして中国の海洋進出は、国家主権に関わる問題には、中国は軍事力を後楯に自己の立場を主張し、事態の如何によっては躊躇わずに力を行使する意思のあることを明確にしている。

そして今回の事故を契機に、「戦略的辺疆」は排他的経済水域の「上空空域」にまで伸張してきた。中国空軍はロシアから導入したSU27戦闘機をいずれ使い熟すであろうし、またこの数年来空中給油技術を開発したところから、別掲地図が示すように、遠からず中国空軍の戦闘機の行動半径は大きくなってゆく。そうなると、東南アジアの空域は中国の空域になってしまうと思われる。

その文脈で、中国民間航空総局発行の「エンルート・チャート」(航空路図)に、南沙・西沙・中沙・

地図10　空中給油により拡大するＦ８戦闘機の作戦半径

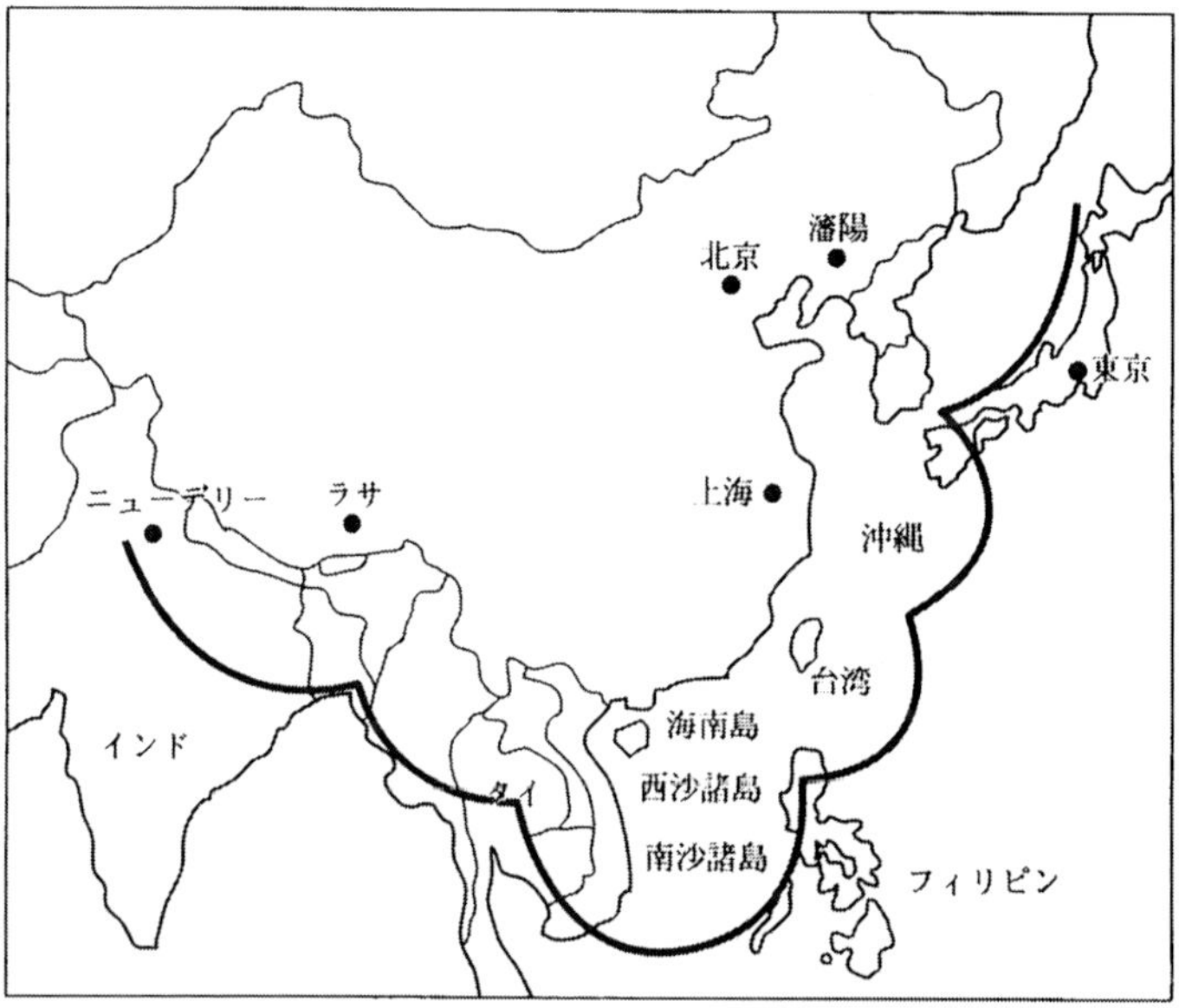

（出所）『聯合報』2001年３月12日。

東沙諸島を含む南シナ海の海域に国境線が引かれた付図が記載されていることに注目したい。そしてその注意書きには、「南シナ海上空の飛行情報区（ＦＩＲ）の現行の区分は不当であり、それ故中国にとって受け入れられない。必要な調整が行なわれるべきである。中国民間航空総局はすでにそうした調整を提案し、南シナ海上空の空域においてＦＩＲを設置する権利を留保すると声明した」と書かれてある。(44) 中国は南シナ海上空の空域に自らの飛行情報区を設定し、その管轄権を掌握することによって、南シナ海のより実効的な支配を意図していることが分かる。そしてすでに七九年七月に設定した海南島周辺の四ヵ所の「飛行制限区域」によって、世界の民間航空機は周辺上空の航行を大きく制限されてしまっている。

2　「国際新秩序」の形成と「中華世界」の再興

八八年一二月、中共中央政治局拡大会議で鄧小平は「国際新秩序」の形成を提起した(45)。翌八九年はマルタで開催された米ソ首脳会談で、第二次大戦後四〇年間国際関係を規定してきた米ソ二極の対立構造が解体し、新しい多極化の「競争的共存」の時代が生まれることになったが、鄧小平による「国際新秩序」の提起は、中国がそうした変化を先取りして、新しい国際新秩序形成に積極的に参加して行く意思表示であった。

その具体的な内容については何も明らかにされていないが、「中国を中心とする世界」であり、「中華世界の再興」である。そして中国は対外政策の基本原則である「平和五原則」のなかの相互内政不干渉、互恵平等の原則を強調することにより、先進諸国が後進諸国の経済発展を阻害していることを糾弾し、それを通して自らの構想する「国際新秩序」の形成を目指しているが、何よりもその中心に位置する中国への干渉を斥けつつ、先進諸国との経済協力協力を積極的に利用して迅速な経済成長を遂げ、それを基盤として軍事力の近代化をはかり、世界の経済大国・軍事大国に発展することを意図している。

中国を中心とする「国際新秩序」を形成する動きが、八八年の終わりに現われたことには意味がある。すでに論じたように、中国は八〇年代前半期に第一世代の戦略核兵器を完成して、最小限核抑止力を保有した。同年代中葉以降、次世代戦略核兵器の開発が着手され、二〇世紀末から二一世紀初頭にかけて、小型・軽量化された核弾頭を搭載し、数種類の移動式の短距離弾道ミサイル、中距離弾道ミサイル、大陸間弾道ミサイルが完成すると見られている。

他方八五年に「百万人の兵員削減」が断行され、中国軍の「量から質への転換」が行なわれた。兵員削減は八七年に基本的に完了し、数は少ないが、近代的な軍事力が出来上がりつつある。何よりも注目される動向は、八八年初頭に中国が海軍力を展開して、南沙諸島の実効支配を実現したことである。当時この重要な動向に気が付いた者はほとんどいなかったが、南シナ海支配は中国の主張する「国際新秩序」形成の中心になる要素である。鄧小平の「国際新秩序」を形成する上で、中国軍の役割はそれの実現に寄与することである。

海洋法条約の規定に基づいて計算すると、中国の「排他的経済水域」は一〇〇万平方キロメートル弱であるが、現実には中国はその三倍の三〇〇万平方キロメートルもの広大な海域を主張している。中国が南沙諸島に進出した八〇年代終わりから九〇年代初頭に、著者はこのまま放置しておくと、中国は南シナ海を支配してしまうから、そのような不当な言動を認めてはならないと主張した。それから一〇年を経て、中国の南シナ海支配は着実に進んでいる。そればかりか中国は東シナ海にも進出しはじめており、このままの状態が進むと、東シナ海も「中国の海」となってしまうであろう。現実にわが国のマスコミが米軍偵察機と中国軍戦闘機の接触事故に関心を向けていた同じ時期に、中国の海洋調査船が、東シナ海・中間線の日本側海域で、日本政府の「お墨付き」で堂々と地震探査やボーリングなどの海洋調査を実施している。(46)「排他的経済水域」の「上空空域」は「中国の空」という主張も、馬鹿々々しいと笑っていると、そのうちに現実となってしまう。われわれは不法なものは不法であると強く主張し、その行動を止めさせなければならない。

註

(1) 拙著『江沢民と中国軍』（一九九〇年、勁草書房）第二章「中国軍の軍事訓練改革」を参照。

(2) 拙稿「ハイテク戦争への対応急ぐ人民解放軍」『東亜』二〇〇一年三月号で簡単に触れておいる。

(3) 「米機、中国新鋭駆逐艦に接近」『読売新聞』二〇〇一年四月四日。

(4) 拙著『中国の核戦力』（一九九六年、勁草書房）序章「台湾海峡での軍事威嚇」を参照。

(5) Bill Gertz, "China building air-defence site: Pentagon sees it a part of military upgrade near Taiwan", The *Washington Times*, Dec. 22, 1999; Duncan Lennex, "China's new cruise missile programme racing ahead", *Janes Defence Weekly*, Dec. 12, 1999, p. 12. 今年になってからの情報として、「部署東風11型目標指向台湾、福建新建飛弾基地」『聯合報』二〇〇一年三月一六日がある。

(6) 前掲拙著『中国の核戦力』第一章「中国の核戦力と核戦略」を参照。

(7) 「我国成功進行新型遠程地地導弾発射試験」『解放軍報』一九九九年八月三日。

(8) 「ＩＣＢＭ再実験成功」『朝日新聞』二〇〇〇年一二月一三日夕刊、「中共上月第三次試射東風卅一」『聯合報』二〇〇〇年一二月一四日。

(9) 「中国『東風31号』近く発射実験？　在日米軍が監視強化、ミサイル偵察機など展開」『産経新聞』二〇〇〇年六月六日、「中共近在内陸試射東風卅一飛弾」『中国時報』二〇〇〇年六月七日。

(10) 「中国ミサイル実験成功か」『朝日新聞』二〇〇〇年一二月二六日、「中共首次自核潜発射多弾頭遠程飛弾」『聯合報』二〇〇〇年一二月二五日。

(11) 「次世代原潜が進水、香港紙報道」『産経新聞』二〇〇一年一月七日、「中共094型核子潜艇下水測試」『聯合報』二〇〇一年一月七日。

(12)「巨浪2」の発射実験が行なわれるとか、新しい原子力潜水艦094型が完成したとかいった情報はこれまでにしばしばあったが、九九年一二月にも流れたことがある。「潜水艦搭載新型弾道ミサイル、近く発射実験か」『産経新聞』一九九九年一二月八日、「中共巨浪二型飛弾、測試在即」『聯合報』一九九九年一二月八日、「中共発展核潜艦、白宮拒評論」『聯合報』二〇〇〇年一二月八日。二〇〇一年六月二八日、黄海、東シナ海、南シナ海の三ヵ所の海域に配備した094型原子力潜水艦から新型SLBM「巨浪21A」を同時に発射し、約五〇〇〇メートル離れた新彊タクラマカン砂漠の目標に命中した、という情報があった。「中国、SLBM発車実験新型『巨浪』香港紙報道、射程八〇〇〇キロ、目標命中」『読売新聞』二〇〇一年七月三日。

(13)最近の代表的な文献として「中国呼吁美国放棄導弾防御計画」『解放軍報』二〇〇一年二月二二日、「美国為何対NMD情有独鍾」『瞭望』二〇〇一年第七期五六～五八頁をあげておく。

(14)「重要な台湾の戦略的位置、米国により左右」『問題と研究』二〇〇〇年九月一一～一三頁。

(15)拙著『甦る中国海軍』(一九九一年、勁草書房)一五八～一五九頁。

(16)拙稿「海洋実効支配の拡大を目指す中国―米中軍用機接触事故の意味するもの」に付記された安田淳「米中軍用機接触地点の空域について―公海上空だが『危険空域』」『東亜』二〇〇一年七月号二五～二七頁を参照。

(17)拙稿「中国の海洋進出と東アジアの秩序維持」『ディフェンス』第三五号(一九九九年秋)四三～四四頁。

(18)拙著『続中国の海洋進出』(一九九七年、勁草書房)第一章「中国の西沙諸島・永興島飛行場建設」参照。

(19)「鋳造海上鉄拳―海軍某新型潜艇戦闘力建設紀事」『解放軍報』一九九九年一月二九日。「爲了脚下遠片藍色国土―駐南前哨某潜艇支隊加強戦闘力建設紀実」同一九九九年一〇月二九日も参照。

(20)「維護和平時中国海上核質牌―中国核潜艇部隊司令員訪問記」『航海』一九九七年四月によれば、中国の原子力潜水艦は八八年春南シナ海で深水実験を実施している。

(21)これらの「飛行制限区域」は、中国とベトナムとの戦争直後の一九七九年七月二三日に中国民間航空総局によって設定された。浦野起央『南海諸島国際紛争史研究・資料・年表』(一九九七年、刀水書房)六七五～六七七頁。これらの「飛行制限区域」についての詳細は、上記安田淳「米中軍用機接触地点の空域について」を参照。
(22) この航空地図は、米国のDefence Mapping Agencyが出しているOperational Navigation Chartで、著者が使用したものは一九七〇年作成、八八年に改訂されている。この地図の件で、慶応義塾大学法学部の安田淳助教授の御協力をえた。
(23) 「『仕掛けた』と米政治誌、軍用機接触」『読売新聞』二〇〇一年四月五日夕刊。
(24) 「不明飛行士は『おなじみの顔』、過去にも米機追尾、米議員が明かす」『読売新聞』二〇〇一年四月六日。
(25) 沙志亮、崔偉光、劉俊林「三九機敵機的下場」(『中国国防報』元載)『軍事文摘』一九九九年第一一期八〜一〇頁。
(26) 「日本海椋心動魄的一幕、俄戦機〝奇襲〟美航母」『解放軍報』二〇〇〇年一一月二〇日。
(27) 「俄羅斯双雄戯〝小鷹〟」『中国国防報』二〇〇〇年一一月二九日、「突襲〝小鷹〟号」『中国空軍』二〇〇一年第一期三〇〜三一頁、「俄空軍突襲美航母」『軍事文摘』二〇〇一年第三期四六〜四七頁。
(28) 王建雲「行之有効、常用常新—漫話低空超低空突襲」『航空知識』二〇〇一年第二期六〜八頁、四六〜四八頁。江沢民主席の題辞は一九九九年十一月九日付け『解放軍報』に掲載されている。
(29) 「中国機の操縦非難、米国防長官」『朝日新聞』二〇〇一年四月一四日夕刊。
(30) 「危険を冒す米電子偵察機」『東京新聞』二〇〇一年四月八日。
(31) 「就美偵察機撞毀我軍用飛機事件」『人民日報』二〇〇一年四月四日。
(32) 「外交部発言人談美国軍用偵察機撞毀我軍飛機真相和中型有慣立場」『人民日報』二〇〇一年四月四日。
(33) 本報評論員「覇道行径与覇権邏輯」『人民日報』二〇〇一年四月五日。
(34) 本報評論員「中国主権不容侵犯」『解放軍報』二〇〇一年四月六日。
(35) 「中華人民共和国専属経済区和大陸架法」『人民日報』一九九八年六月三〇日。本書第五章参照。
(36) Chinese sub, "U.S. aircraft carrier faced off, paper reports", *Japan Times*, Dec. 15, 1994. 一九九四年一二月一五日付け全国各紙も参照。
(37) 「違反知識産権公司、大陸進行調査整頓、中美艦艇海上紛糾、外交部称正在了解」『星島日報』一九九四年一二月一六日。

記者会見のこの部分は『人民日報』では報じられなかった。

(38)「米空母の原潜追跡を非難、中国紙が初めて報道」『時事通信』一九九五年一月五日。同年一月二一日付け『中国船舶報』の「再胡鬧就『往死里打』―中美海軍『黄海事件』追記」、「真相、中美海軍黄海対峙事件」『軍事文適』九五年第二期六頁も参照。

(39)「中美簽署《関于建立加強海上軍事安全確磋商機制定協定》」『解放軍報』一九九八年一月二〇日。

(40)「中美海上軍事安全関係」『艦船知識』一九九七年第一二期八頁。

(41)「米国と中国、海上協議協定に調印、軍事面の信頼醸成図る」『朝日新聞』一九九八年一月一九日。

(42)「中美挙行海上軍事安全磋商機制年度会晤」『解放軍報』二〇〇〇年六月五日。

(43)前掲「外交部発言人談美国軍用偵察機撞　我軍飛機真相和中国有慣立場」。

(44)前掲安田淳「米中軍用機接触地点の空域について」二七～二九頁を参照。

(45)「中央政治局挙行第十四次会議、討論国際形勢和我対外工作」『人民日報』一九八八年一二月二五日。鄧小平の「国際新秩序」については、拙稿「『中華世界』の再興とアジア・日本」（田久保忠衛、新井弘一、平松茂雄編著『戦略的日本外交のすすめ』一九九八年、時事通信社）を参照。

(46)「中国調査船が活動再開、事前通報の三隻『資源目的』の指摘も、東シナ海」『東京新聞』二〇〇一年四月二三日、拙稿「目に余る中国の海洋調査船、東シナ海で日本政府の『お墨付き』」（『正論』）『産経新聞』二〇〇一年五月一九日。本書第五章参照。

第四部　太平洋深海底を目指す中国

日本近海で情報収集活動を行う中国海軍「塩冰」級情報収集艦（『東京新聞』二〇〇一年七月二七日）

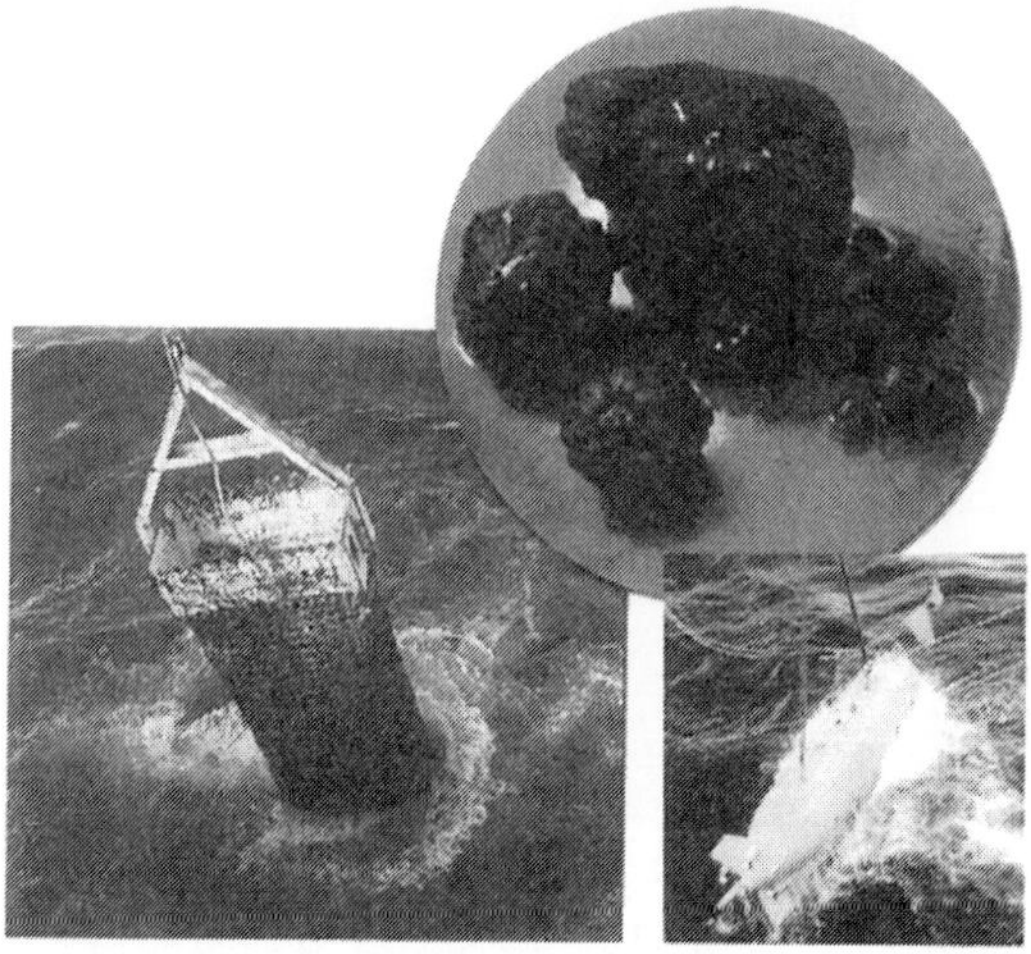

太平洋で多金属団塊を開発する中国（『海洋世界』2001年4月）

多金属団塊と深海ロボット

第八章　太平洋での多金属団塊の探査・開発
――「向陽紅16」号の沈没に寄せて

一　「向陽紅16」号の沈没

一九九三年五月二日早朝、上海の南東約三〇〇キロの東シナ海で、中国の海洋調査船「向陽紅16」号が航行中のキプロス船籍のギリシャのタンカー（二万七六四六トン）と衝突して沈没し、乗船していた船員・科学観測員のうち一〇七人は救出されたが、三名は行方不明という出来事が起きた。(1)ゴールデンウィークの最中であり、このニュースはNHKテレビのニュースと『産経新聞』で簡単に報道されただけであったが、著者には見すごすことのできない重要なニュースであった。何故ならば「向陽紅16」号は八一年に建造された海洋調査船で、これまで五回太平洋で多金属団塊など深海底の希少金属の探査・採取に従事してきたからであり、この時も六回目の太平洋での調査のため上海を出港したばかりであった。

今回の事故は中国にとっても衝撃であり、『海洋世界』七月号は冒頭で詳細に沈没の状況を説明した。(2)「向陽紅16」号は排水量四四四〇トン、日本製の衛星通信施設、米国製の航行儀器・レーダー施設その他の先進的な設備を装備し、船内には海洋研究を進めるための水文室・気象室・化学室・物理室・生物室・地質室・重力儀器室などが設けられ、先端的な海底観測・海底撮影システムが搭載されている。八八年動力および電気系統の大規模な改造が実施され、さらに九三年の第六次調査に備えて、九二年一一月から九三年四月にかけて再び大規模な改造が加えられ、より先進的な調査設備が装備されたばかりであった。(3)

多金属団塊はマンガンを主成分とし、コバルト、ニッケル、銅などの希少金属からなり、水深四〇〇〇〜五〇〇〇メートルの深海底に玉砂利を敷き詰めたように存在している。マンガン、コバルト、ニッケルなどの希少金属は、金属の強度、硬度、耐熱性、耐蝕性などの金属特性が改善されるところから、鉄鋼・非鉄金属の合金添加剤として宇宙開発・海洋開発・先端兵器の生産はもとより現代産業に欠くことができない鉱物資源であるが、これらの金属の陸上埋蔵量は枯渇の傾向にある。ところが深海底での資源量は太平洋だけで四〇〇〇億トンから一兆トンと推定されている。

深海底の多金属団塊は、一八七二年に英国のチャレンジャー号の世界周航深海大探険の際に発見採取されていたが、資源としての価値が認識されるようになったのは、一九六〇年代に入ってからであり、米国・西欧先進国の企業が独自に研究を開始し、二〇世紀中の商業的開発が予測されるまでにいたっている。そして深海底の鉱物資源が少数の技術先進国の管理下に置かれる可能性が生まれてきたため、六七年の国連総会でマルタから「科学技術の飛躍的な発展に伴い大陸棚の範囲を越えて深海底に対する権利の拡張が始まっており、世界の海底分割の危険がある。深海底とその資源を『人類共同の財産』と宣言し、国際機関を設置し、とくに開発途上国の利益を考慮して、平和的に利用する」との提案がなされた。ついで翌六八年国連に深海底平和利用委員会が設置され、七〇年の総会では深海底はいずれの国家の領有の対象ではなく、全人類のために開発されるべきであるという深海底原則宣言が採択された。

七三年から始まった第三回国連海洋法会議で、一八世紀以来の「公海自由の原則」が根本的に検討され、新しい海洋に関する国際法を確立することが意図された。しかし領海の幅、経済水域、国際海峡など、参加した約一五〇ヵ国の利害が複雑に絡み、会議は八二年まで一一回にもわたる長期の会議となり、ようやく国連海洋法条約の草案を採択した。会議が長期化した最大の原因は、多金属団塊にあった。米国など開発技術を持ち先行投資した先進国と開発途上国、ペルーなど四種金属の陸上産出国と消費国との利害が対立し、ようやく次のような深海底資源の開発に関する国際管理制度が出来上がった。深海底区域と資源は人類の共同の遺産であり、人類全体を代表する国際機構が資源開発を管理する。この目的を実現するために国際海底機構を設立する。深海底資源の開発は国際海底機構の下部機関であるエンタープライズによって実施されるが、締約国の企業も機構の許可と管理の下に資源開発に従事できる。資源開発から得られる利益は機構を通して国際社会の諸国に衡平に分配される。深海底から得られる鉱物と同種の鉱物資源を陸上で生産している国に経済的打撃を与えないために深海底資源の生産量を制限する。

八三年三月深海底資源の開発・調整にあたる国際海底機構設置のための準備委員会がジャマイカで発足したが、他方米国、英国、フランス、西ドイツは署名せず、「深海底鉱物資源の鉱区調整に関する相互国協定」を締結した。米国はわが国に特使を派遣して条約に署名しないよう同調を求めたが、日本は八三年に同条約に署名し、「深海底鉱業暫定措置法」を制定し、施行している。また八五年から第二白嶺丸を使用して南太平洋で多金属団塊、熱水鉱床、コバルトクラストの調査を実施している。(4)

中国も深海底資源の開発に対して早くから関心を示している。第三回国連海洋法会議当初から中国は、「国際海底区域は平和目的に利用すべきである。国際水域の資源は原則的には各国の共有に属しており、世界各国が共同で効果的な国際制度を制定し、それ相応の国際機構を設けて管理開発すべきである。われわれは超大国のいかなる方式による探鉱や独占に反対する。また一、二の超大国がその先進的技術にものをいわせて国際深海底資源を独占したり、意のままに開発したりすることにも断固反対する」との立場を表明し、(5)同時に中国自身による深海底資源の調査研究に着手した。(6)

しかしながら中国が太平洋における多金属団塊の調査に本格的に着手したのは、海洋調査船の建造、深海潜水機器の開発などを経た八〇年代に入ってからであり、その調査に従事した船舶が「向陽紅16」号である。

二　太平洋での遠洋調査

1　太平洋中部特定海区総合調査(7)

一九七六年三月から七七年一〇月まで、「向陽紅5」号と「向陽紅12」号による初めての太平洋海域の総合調査が実施された。この時から四年後の八〇年五月に実施された中国最初の大陸間弾道ミサイルの発射実験を支援するために、一八隻から編成された遠洋科学観測艦隊（本書第二章で論じた）が南太平洋に派遣されたが、これはその事前調査であった。国務院と中央軍事委員会の批准により、全国数十単位から合計延べ一二九四人が遠洋調査に参加した。七六年三月三〇日から五月二二日までの第一次調査、七八年八月一八日から一〇月二一日までの第四次調査まで、合計二六五日間、一三万キロメートルの航行であった。

四回にわたる遠洋調査により、海面気象要素と各種の大気資料データ一〇万余件、海面から水深一六〇〇メートル（最深二五〇〇メートル）の水文要素データ二万七〇〇〇件、三万一〇〇〇余カイリの水深資料、二七〇〇余カイリの重力資料、三万一〇〇〇余カイリの地磁資料を採集した。浮遊生物サンプル一五〇瓶を採集し、水深五四一二メートルの表層底質サンプル一〇キログラム、水深五四〇七メートルの柱状底質サンプル八〇センチメートル、一部の多金属団塊を採取した。さらに遠洋通信実験、深海音響伝播実験および海洋儀器などの領域でも大量の資料を得た。

これらの資料に基づいて研究分析がなされ、調査海区の自然環境情況が比較的詳細に明らかとなった。特に弾道ミサイルの落下海区と船隊が布陣する海区の水深、重力分布変化法則が深く理解された。弾道ミサイル実験の海洋環境条件に対する要求に応じて、ミサイルの具体的な発射時間が選択・決定された。これらの成果は、ミサイル実験の実験成功によって精確であったことが証明された。これらの遠洋調査は、中国が大洋に向かって発展する序幕となり、その後の遠洋調査・研究活動を推進することになった。

2　中太平洋西部調査(8)

七八年末から七九年秋にかけて、中太平洋西部で実施された「第一次地球大気実験」に参加した。これは世界気象組織と国際科学連合が共同で主催した「地球定期研究計画」（GARP）のなかの最大の計画で、地球大気研究を強化し、予報方法を探求し、予報効果と予報確率を向上することを目的とした。この計画には、地球陸地気象センター、海洋気象船、熱帯風観測船、浮標、定高気球、飛行機、人工衛星、地球通信網および大型資料貯存・処理センターなどを保有する一四〇余の国家・地区が参加した。

中国は国家海洋局東海分局所属の「実践」号と北海分局所属の「向陽紅9」号の二隻の海洋調査船を派遣して、熱帯風観測の任務を担当した。国家気象局などの単位が参加した。「実践」号は七八年一二月から七九年四月まで、中太平洋西部海区で二回にわたる調査・実験で、二一三日、三万二八四〇カイリの航程。「向陽紅9」号は七八年一二月から七九年三月まで、七九年四月から七月までの二回にわたり、中太平洋西部の二つの海区で、一九七日、二万八六四一カイリに及ぶ調査を実施した。二隻の調査船は、世界気象組織が規定した高空気象、海面気象、表層から水深二〇〇メートルまでの温度観測任務以外に、中国海洋科学研究の必要に応じて、調査海区内に四ヵ所の断面、三八ヵ所と四二ヵ所の観測点を布設し、単船巡回測量の方法で総合調査を行なった。

中太平洋西部調査は中国が参加した最初の大洋国際協力調査であり、多国協力を借りて少ない人力・物力の投入で自国では同一時間内に得られない全地球性の多学科の資料を獲得することができた。

3　西太平洋科学考察(9)

八三年中国科学院海洋研究所は「科学1」号海洋調査船を西太平洋派遣して、総航程二八〇〇〇余カイリの地球物理考察を行なった。この考察は地震浮標法で大洋の海底地殻を探査した。これは中国の海洋調査で初めてのことであった。この海区の地球動力学および地殻構成の特徴を研究し、海洋鉱物資源を開発利用するために、重要な科学的根拠を提供した。

4　南極考察(10)

八〇年一月から二月にかけて、中国の二人の科学者がオーストラリアの科学者と、初めて南極と南太平洋の考察を行なった。八三年までに、中国は七回にわたって合計三二人の科学技術者を派遣して、オーストラリア、ニュージーランド、チリなどと共同して南極と南太平洋の考察を行なった。八四年一〇月には第一次南極考察隊が編成され、同年一一月科学考察船「向陽紅10」号と海軍の遠洋サルベージ船「J121」が南極に向け出発し、翌八五年二月南極大陸に「中国南極センター」を建設した。

三　進展する多金属団塊の開発

1　多金属団塊の開発

一九七九年一二月から翌八〇年九月まで南シナ海で実施された米国コロンビア大学との共同地質調査で、「多金属団塊のサンプルを採取し、石油や天然ガスの探査と地質調査研究に役立つ海底状態に関する資料を数多く集めた。調査は米国の調査船で実施され、採集された資料はコロンビア大学で分析される」と報じられたことがある。合同調査は一九八二年まで続けられた[11]。中国が多金属団塊の採取を開始した時期は不明であり、これが最初であるかどうかについては定かでないが、この辺りから本格的な調査が始められたのであろうか。またこれにより中国の多金属団塊の探査・採取に米国の協力があったことがわかる。

八〇年四月二九日には、海洋局第一海洋研究所が太平洋の四〇〇〇余メートルの深海海底で、鉄質とガラス質を含む二種類の球状の鉱物を採取した[12]。「向陽紅16」号がいつ頃から太平洋で多金属団塊の調査を開始したかについても不明であるが、八二年「向陽紅16」号は東シナ海および西北太平洋で、五一〇〇メートルの深海から生物のサンプルの採取に成功したと報道されているから、この時にはすでに太平洋で調査に携わっていたことになる(13)。

そして八三年五月上海を出港した「向陽紅16」号は、「中国から四〇〇〇カイリ離れた西経一六七～一七八度、北緯七～一三度の間の八五万平方キロメートルの海域で、多金属団塊を採集するほか海底沈積、水深、水文、気象、重力、磁力など自然環境の諸要素を観測し、帰路の公海上で地球物理を中心とする観測を行ない」、七月一一日帰港した。「二ヵ月にわたる困難な作業の末かなりの量の多金属団塊を採集し、大量の公海の調査資料をえた」と報道された。しかも「この種の遠洋調査任務を初めて、しかも単独で行なった。水深四〇〇〇～五〇〇〇メートルから多金属団塊を採集するのに使用した装備はすべて国産である」と説明された(14)。

ついで八五年一二月二八日から翌八六年四月七日まで、約六〇万平方キロメートルの海域を調査した。この時には、調査は国家海洋局が組織し、調査船隊は同局およびその付属機関に所属する東海分局、第二海洋研究所などが派遣した人員によって編成され、地質鉱産部、冶金鉱業部、有色金属鉱業総公司などの人員も参加し、総計科学技術者五〇余名、船員七〇余名であったと報じられた。調査が本格化したと考えられる(15)。

さらに八七年四月一八日から九月一四日まで、北緯八度～一四度四五分、西経一三九度一五分～一五七度の四一万平方キロメートルの海域を調査し、海底のサンプル採取、多周波数探査、磁力測定、海底撮影を行なうとともに、六五〇余キログラムの多金属団塊を採集した。また同海域の四万平方キロメートルの海底多金属団塊は埋蔵密度、品位ともに商業開発の基準に達していることが調査の結果明らかとなり、多金属団塊の密集鉱区の範囲を確定し、中国が国際海底機構に鉱区の開発・採掘権を申請するための条件が整えられた。(16) 八八年にも調査が実施され、数十万平方キロメートルにわたる多金属団塊有望鉱区が選定されたことが一一月二三日公表された。これまでに調査が実施された海域面積は一〇〇余平方キロメートル、航行距離は一〇余万キロメートルに達し、多金属塊サンプル数トンを採取し、基本的に調査海域の多金属塊の数量、品位および必要な海洋環境要素を解明した。(17)

こうした過程を経て、九〇年八月中国大洋鉱産資源研究開発協会は国連に国際海底先行投資者資格を申請し、九一年二月正式に与えられた。これにより中国はインド、フランス、ロシア、日本についで五ヵ国目の先行投資国となった。(18)

九二年五月一六日中国大洋鉱産資源研究開発協会は、国務院地質鉱産部の地質調査船「海洋4」号が北太平洋極東海域の国連で承認された鉱区で海底多金属団塊の詳細な調査を開始することを公表した。「中国の実情と国務院の構想に基づき、向こう一五年間はフィジビリティースダディーを実施し、銅、ニッケル、コバルト、マンガンの回収可能な十分の商業埋蔵量を明らかにし、商業採掘に先立つ物質的準備を整える。同時に選鉱、精練の技術的ネックを解決し、二〇〇五年以降に正式の商業採掘を開始する計画であり、その第一歩として第八次五ヵ年計画に一五万平方キロメートルの長期的鉱区で詳細な探査を実施し、より狭い目標鉱区を確定し、採掘の技術方針と案を初歩的に決定する。これが実現すると、中国が自国領土以外で天然資源を開発する最初のケースとなる。(19)」なお『日刊日本工業新聞』によると、場所はハワイの南方約一〇〇〇マイルの一五万平方キロメートルの海域であり、中国は開発準備に向けて外国との技術協力を強化する方針で、すでに米国とロシアとの間に協力の約束があるほか、香港、台湾、マカオに協力を呼び掛けているという。[20]「海洋4」号は、それ以前の八六年一一月三〇日～八七年六月一八日、太平洋で七〇万平方キロメートルに及ぶ海域で、多金属団塊の調査を実施し、六〇八・八キログラムの多金属団塊およびマンガンクラストを採取し、中部・東部太平洋で面積が比較的大きく、追加調査の価値がある有望鉱区を発見したと報道されている。[21]

また南シナ海では、中国国家海洋局第二海洋研究所と西ドイツの地球科学・自然資源研究所が、両国政府間の取り決めにより、八八年から二年計画で西ドイツの科学調査船を利用して、「南シナ海地球科学共同研究」が実施された結果、南シナ海北部の大陸棚斜面および西沙・中沙・南沙諸島の海底で球状、楕円顆状、扁平状、不規則状など各形状の多金属団塊計一三二キログラムを採集した。そして南シナ海の多金属団塊には希土類の成分も豊富に含まれており、その含有量は商業量に近いとされている。[22]

九二年三月先に述べた朱継懋教授により、中国大洋鉱物資源研究開発協会に水深六〇〇〇メートルの深海観察システムの開発が提案され、[23]中国の太平洋深海底開発は現実化の段階に入ろうとしている。なお「向陽紅16」号は九〇年五月三一日から六月二四日まで日本海を航行し、その間の六月一六日ソ連のウラジオストック、六月二〇日わが国の新潟に入港している。[24]但し「向陽紅16」号が日本海でどのような調査を実施したかについては明らかにされていない。そして冒頭で書いたように、九三年五月「向陽紅16」号は沈没した。沈没は中国の深海底調査、多金属団塊の探査・採掘に影響するであろうが、「海洋4」号がすでに太平洋で活動しており、むしろ多金属団塊の商業採掘は「海洋4」号によって進められるようであるし、また「向陽紅16」号の人員はほとんど救出されているから、大きな支障はなさそうである。

2　専属探鉱権の取得

九八年一二月二日、同年五月一八日青島を出航した中国の遠洋科学調査船「大洋1」号が、調査任務を終えて青島に帰国し、多金属団塊先行区の調査が完了した。[25]

すでに論じたように七〇年代初頭から中国は十数回の海洋鉱物資源調査を行ない、九一年に世界で五番目の深海鉱物資源先行投資国になり、東北太平洋の深海区域一五平方キロメートルの多金属開発区を獲得した。「国連海洋法条約」の規定によると、中国は九九年三月までに開発区の半分を放棄しなければならず、半分が中国の「鉱区」となる。[26]

初歩的な推算によると、中国が画定する七万五〇〇〇平方キロメートルの専管探鉱区には、四億二〇〇〇万トンの団塊があり、これらの団塊にはマンガン一億一一七五万トン、銅四〇六万トン、ニッケル五一億万トン、コバルト九八万トンが含まれている。専門家によると、これら金属資源を採掘・精錬すれば、二一世紀の中国の希少金属不足をある程度緩和することができる。中国工程院のある専門家は「現有の技術条件と水準で採掘を続ければ、中国の陸上に分布する希少金属資源は三〇年から五〇年で採掘し尽くされてしまう。希少金属資源の枯渇は、人々の生活に幅広い影響をもたらすことになろう」と指摘し、また中国大洋鉱物資源研究開発協会のある専門家は、深海の海底はハイテク、ハイリスク、高額投資の事業で、中国が開発した六〇〇〇メートル級海底ロボットは未来の深海採掘事業の国際競争力を高めるための基礎を築いた、と述べた[27]。

九九年三月五日、ジャマイカにある国際海底管理局代表処に常駐する中国代表は、中国政府の名義で、国際海底管理局に「中国多金属団塊開発区二〇パーセント区域放棄報告」を提出し、この日から正式に太平洋海底の自国の「藍色鉱区」を画定した。これにより中国は公海上に自国の「後備資源基地」を保有し、当該区域の多金属団塊鉱区の専属探査権と今後の商業開発の優先権を保有した。中国が画定した海底区域は、東太平洋海盆C—C断裂帯にあり、ハワイの東南方向の、西経一三八度～一五七度、北緯七度～一四度に跨がる七万五〇〇〇平方キロメートルの海域海底で、水深四九〇〇～五四〇〇メートル[28]（地図1、三四～三五頁を参照）。

中国は自国を「発展中の社会主義国家であり、最大の特徴は人口が多く、人口の割に資源が相対的に乏しいことである」と規定している。中国の銅、マンガン、コバルトなどの資源情況は陸地の埋蔵量、生産能力はもとより、工業需要についても、すべて経済発展に適応していない。そのなかでマンガン鉱の確定埋蔵量は五億トンであるが、大部分が貧鉱で、優質性の鉱石は一六パーセントにすぎないばかりか、採掘の限界に近づいている。国家は毎年優質のマンガン鉱を三〇万～四〇万トン輸入している。銅も中国が急速に枯渇しつつある鉱石の一つで、自給率は四五パーセント不足している。コバルトは主として輸入に依存している。それ故国際海底多金属団塊鉱区開発の中国にとっての意義は、その他の国家よりも大きい(29)。

中国大洋鉱産資源研究開発協会は、二〇〇一年五月二二日、国際海底管理局と探鉱契約を締結し、七万五〇〇〇平方キロメートルの海底鉱区で、多金属団塊資源の専属探鉱権を取得し、また多金属団塊の商業開発段階に入った際には優先開発権を享受する。同協会の金建才秘書長は、「中国は契約で規定された国際的義務を確実に履行し、また国際社会とともに他の国際海底資源の探査、開発に積極的に参加する」と述べた(30)。

同協会は「国際海底区域資源研究開発第一〇次五ヵ年計画」(二〇〇一〜〇五年)を策定し、国際海底資源の調査、技術開発、環境評価を行なう。同計画は国務院の審議のために提出された。計画によると、二〇〇二年から二〇〇五年までに、国際海底区域で商業開発規模に必要な資源量のあるコバルト・リッチ・クラスト鉱区を指定し、国際海底管理局が認めた多金属団塊鉱区の作業計画を実行し、その他区域の資源について前期調査を行なう。また深海多金属団塊の採掘について、系統的海上試験の作業設計、処理量一日一〇〇キログラム以上の規模の団塊試験と処理量一日一〇キログラム以上の規模のコバルト・リッチ・クラスト実験室の関係試験を行なう。

中国は国際海底資源の調査研究と開発のほかに、資源の環境評価と総合評価も行なう。環境評価には、海底生物の多様性などの研究があり、国際海底資源開発による環境に対する潜在的影響を研究する。このほか中国は、国際海底区域および深海資源開発の総合評価体系の確立に着手し、国際海底区域の関係制度の進展と国際海底区域および深海のその他の資源の開発動向を追い、天然ガス水化物と生物遺伝子など他の資源の研究開発計画を策定する。(31)

中国の深海底資源調査を可能にしたのは、六〇〇〇メートルの深海での作業を可能にした水中無人ロボットの開発であった。中国が明らかにしたところによると、無ケーブル自律水中ロボット工学事業は、中国の大型研究開発事業の重点中の重点で、九五年八月に深海機能試験を完了し、一年半の工学改造を経て、九七年五月から六月にかけて、太平洋で各種の海底調査任務を滞りなく終えて、三九日をかけて、大量のデータと資料をえた。

このロボットは六〇〇〇メートルの深海でのビデオ、写真撮影と海底の地勢、断面の測定、水文測量、海底の多金属団塊の存在度の測定を行なうことができ、海底に沈んだ目標物の捜索と観察を行なうほか、画像やロボットの水中運動の軌跡、座標位置などさまざまのデータを自動的に記録することができる。また予定のプログラムに従って航行、作業し、自動的に障害物を回避することができ、故障の自己診断、応急浮上の機能を持つほか、指令発進・遠隔操作を行なうこともできる。

六〇〇〇メートル無ケーブル・ロボットの研究・製造は、自動化、コンピューター、材料、エネルギーなどの各種の専門領域に関わっており、水中通信、高圧シール、自動航行制御、動力システムなどハイテクの難題を解決する必要がある。

今回の応用調査任務の完遂は、中国がこれらのハイテクを解決する能力と手段を保有するだけでなく、深海底の多金属団塊資源探査への応用で実用段階に入ったことを示している。この任務の完遂で、中国はこうした自律水中ロボットの研究・製造能力を保有する世界でも数少ない国の一つとなり、また中国の二一世紀の海洋への発展、海洋資源開発のための強力な技術手段が提供されたことになる。中国科学院瀋陽自動化研究所、中国船舶科学研究センター、中国科学院音響学研究所、ハルビン工科大学、上海交通大学、華東船舶工学学院、海軍航海支援部などが開発したこの技術は、一層の改良を通じて、各指標がより完全なものになり、すでに中国の海洋探査などの分野で重要な役割を発揮している。(32)

また「向陽紅16」号の後継船として調査を実施した「大洋1」号は、中国の海底鉱物資源の研究開発に重要な貢献を果たしたが、旧ソ連で八〇年代に建造された船であるため、購入後広州の造船所で二回にわたり改修されたものの、多くの問題が存在している。「大洋1」号を国際先進水準の遠洋科学調査と深海技術実験を結び付けた総合性の科学調査船にするために、同船を改造する計画が立てられた。

二〇〇〇年三月中国大洋鉱産資源研究開発協会は、専門家を組織して、青島で「大洋1」号改造工程技術座談会を開催し、七〇一研究所の高級技師たちが参加した。同年六月九日から十四日まで、同協会は上海交通大学で、「大洋1」号改造工程論証研究項目審査会と第二回改造専門家会議を開催し、七〇一研究所が提出した「大洋1」号海洋科学調査船改造技術要求書」について審査と評価を行なった。改造を経た「大洋1」号は一五年間計画の必要を満たすばかりでなく、二〇〇〇〜二〇一五年の期間における国際海底区域資源探査研究開発の必要を満足させることが可能となることが明らかにな

った。(33)

註

(1) 「向陽紅16号考察船与外輪相撞沈没」『人民日報』一九九三年五月四日、「向陽紅16号考察船脱険人員返回上海」同五月六日。
(2) 胡述之「悲劇発生在凌晨―『向陽紅16』号船沈没記」『海洋世界』一九九三年七月号六~七頁。
(3) 呉文「『向陽紅16』号科学考察船」同八頁。
(4) 以上の記述は小邦宏治『海洋分割時代―二〇〇カイリと国際新秩序』(一九七八年、教育社)による。海洋法および深海底に関する国際法上の問題については、山本草二『海洋法』(一九九二年、三省堂)を参照した。
(5) 「中国代表団団長柴樹藩在第三次連合国海洋法会議上発言」『人民日報』一九七四年七月三日、「我国和一些発展中国家代表反対超級大国企図利用先進技術掠奪国際海底資源」同四月二一日、「我代表発言支持関於建立国際機構負責開発国際海底資源的主張」同一九七五年三月三一日、「我代表発言支持七十七国集団提案、強調打破旧海洋制度建立新国際経済秩序」同四月一七日。
(6) 『当代中国的海洋事業』(一九八五年、北京・中国社会科学出版社)七五頁、「大きく発展する中国の海洋事業」『中国通信』一九八四年八月二三日、「中国がマンガン団塊初調査へ、二〇〇五年以降の商業採掘計画」『人民日報』一九九二年五月二五日。
(7) 前掲『当代中国的海洋事業』七二~七六頁。この海洋調査活動については、拙著『甦る中国海軍』(一九九一年、勁草書房)一四二~一四三頁を参照。
(8) 前掲『当代中国的海洋事情』七六~八〇頁。
(9) 同八〇頁。
(10) 同二六~二七頁。
(11) 「多金属団塊先行区の調査完了」『新華社』一九九八年一二月二日(『中国通信』一二月四日)、

(12)「中国調査船、深海鉱物商業採掘区指定で太平洋へ」『新華社』一九九八年五月二一日（『中国通信』五月二五日）。
(13)「中国、マンガン団塊の海底専管採掘区画定」『新華社』一九九九年二月三日（『中国通信』二月五日）。
(14) 弟増智、徐志挙「公海海底有片中国鉱区」『海洋世界』一九九五年第五期一一頁。
(15) 同一三頁。
(16)「太平洋底『中国鉱区』儲量探明、多金属結核資源可採六千万噸」『人民日報』二〇〇一年五月一六日、「中国、七・五万平方キロの海底多金属団塊探鉱権取得」『新華社』二〇〇一年五月二三日（『中国通信』五月二四日）。
(17)「中国、国際海底資源を積極開発」『新華社』二〇〇〇年八月二九日（『中国通信』八月三一日）。
(18)「中国の六〇〇〇メートル水中ロボット技術が世界水準に」『新華社』一九九九年八月二七日（『中国通信』八月三一日）。
(19)「七〇一所完成〝大洋一号〟増改装技術書」『中国船舶報』二〇〇〇年九月二九日。
(20)「南中国海で中米合同地質調査終了」『中国通信』一九八〇年一〇月六日。第二次調査には中国の調査船も参加すると報じられたが、第二次調査については報道されなかったところから実施されたかどうか不明である。
(21)『中華人民共和国科学技術大時記』（一九八九年、北京・科学技術文献出版社）三九二頁。
(22) 同四六六頁。
(23)「太平洋北西部でマンガン団塊採集、中国調査船上海に帰港」『中国通信』一九八三年七月一四日。前掲『当代中国的海洋事情』八〇～八一頁も参照。
(24)「赴西北太平洋綜合科学考察、向陽紅一六号遠洋啓行」『人民日報』一九八五年一二月二三日、「勝利完成西北太平洋科学考察任務」同一九八六年四月八日。
(25)「マンガン団塊の鉱区確定、来年採掘申請」『中国通信』一九八七年九月一八日。
(26)「中国、太平洋のマンガン団塊鉱区選定」『中国通信』一九八八年一一月二八日。
(27)(28)「我国海洋地質勘探走向世界」『解放軍報』一九九二年五月一七日、「我国将勘探深海登記鉱区」『人民日報』一九九二年五月一八日、「中国がマンガン団塊初調査へ、二〇〇五年以降の商業採掘計画」『中国通信』一九九二年五月二五日。
(29)「中国、マンガン団塊採取を計画」『日刊日本工業新聞』一九九三年一月一八日

(30) 「中国の海洋調査船が帰港、マンガン団塊などを採取」『中国通信』一九八七年六月二四日。
(31) 「南中国海にマンガン団塊、西独の協力で発見」『中国通信』一九九〇年四月一三日。
(32) 前掲陶育衛、郭礼華「深海潜水器専家朱継懋」三三頁。
(33) 朝潮里「日本海在向中国微笑」『海洋世界』一九九一年第九期二頁。

終　章　日本近海に迫る中国の軍艦

一　日本近海を情報収集する中国海軍

二〇〇一年七月一〇日から二九日まで、中国海軍の「塩冰（ヤンビン）」級情報収集艦「海冰（ハイビン）723」が、わが国九州の種子島南南東海上から小笠原諸島に近い広大な太平洋の海域で、短冊型に反復航行しながら、六〇キロメートル（緯度・経度の一分）毎に二時間停泊して精密な海洋調査活動を実施した。(1)「塩冰」が実施した調査海域は、四〇〇〇メートル以上の深海であり、将来そこに展開されることになるであろう中国海軍の潜水艦、特に原子力潜水艦の作戦に必要な海中調査であり、これまでに実施されてきた東シナ海での調査と緊密に関連している。東シナ海の日本側海域にはすでに中国の潜水艦が出現しているという情報があり、また二〇〇〇年には中国海軍による対潜水艦作戦と推定される軍事演習が実施されている。

中国の原子力潜水艦（ＳＳＢＮ）およびそれに搭載する弾道ミサイル（ＳＬＢＭ）の開発は早くか

ら着手されてきたが、八二年に射程一七〇〇キロメートルのSLBM「巨浪1」の発射実験に成功したものの、目標とする米国に到達する射程八〇〇〇キロメートル「巨浪2」の完成には至っていない。原子力潜水艦は八四年に「夏」級の就航・実戦配備が公式に報じられたが、新型艦艇の建造についての情報はこれまでにしばしば流れているものの、完成したとの確実な情報はない（本書第七章参照）。

他方二〇〇〇年一〇月三一日と一二月二一日に、中国は相次いで「北斗航法実験衛星を打ち上げ、予定の軌道に乗せた。これは中国が米国のGPS（全地球測位システム）に相当する独自の航法衛星システム（「北斗航法システム」）の開発に着手したことを意味する。「宇宙に無線航法局を設置したことにより」、「いつ、どこでも、利用者に自分の位置の緯度・経度や海抜高度を知らせることができる」。「主に道路交通、鉄道輸送、海上操業などの分野にナビゲーション・サービスを提供し、経済建設の積極的促進を果たす」と報じられたが、中国軍の曹剛川総装備部長が西昌の衛星発射センターで打ち上げを見守ったことが明らかにされているように、軍事目的を第一義的に開発されていることは自明である。中国は二〇〇一年からの第一〇次五ヵ年計画期間に、通信、航法、気象、資源探査などを目的とした衛星を三十余基打ち上げる計画を公表しており、それによりナビゲーション・システムの精度は向上する。(2)

太平洋における「塩冰」の海洋調査活動は、中国のSSBN／SLBMシステムが進展していることを示唆している。新しいSSBN／SLBMシステムが完成すれば、新型SLBM「巨浪2」を搭載した原子力潜水艦が、いずれはバシー海峡あるいは「宮古海峡」を通って、西太平洋に展開される

地図11　中国海軍「塩冰」級情報収集艦の航跡

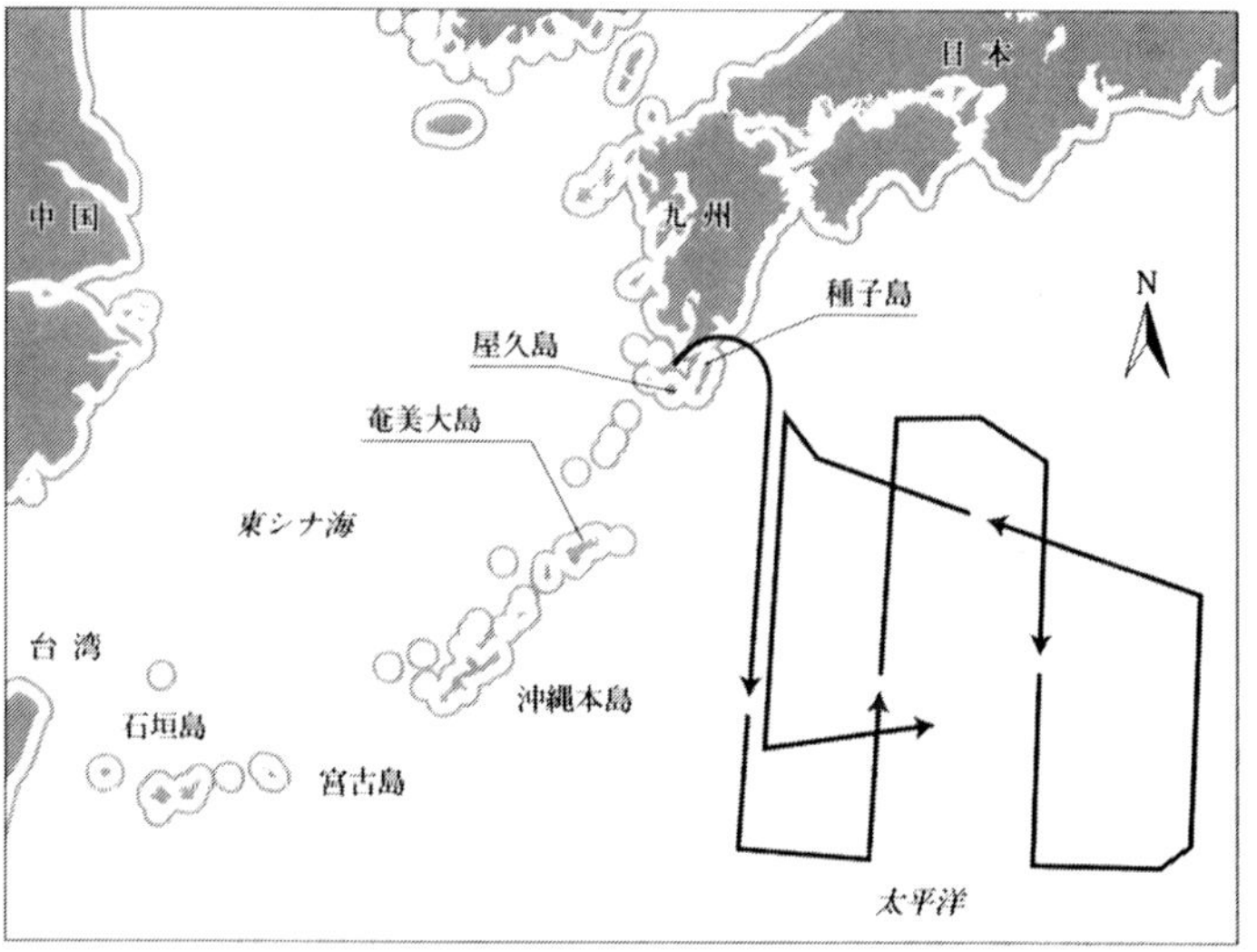

（出所）『東京新聞』2001年７月28日。

ことになろう。早くも八五年中葉に、中国軍内部では、「海洋工学技術の発展により、深海底、極地の氷層、広大な海域は作戦の障害ではなくなっている。とくに広大な深海底は戦略核打撃力が隠蔽できる最も適切な場所となっている」ことが論議されていることは、すでに本書第一章で論じた[3]。

ところで「塩冰」級情報収集艦は、前年五月から六月にかけて一ヵ月近く、海洋調査、電波情報などを実施しながら、わが国の本州、四国、九州を一周した。中国海軍情報収集艦のこの活動は、わが国政府・自民党に衝撃を与え、これまでに中国の東シナ海における海洋調査船の活動に対して及び腰の態度を取ってきた外務省は、ようやく重い腰をあげて中国政府と協議した。その結果は、海洋調査船の活動に関しては「事前通報」により「科学調査」に限り「同意する」ことが取り決められ、わが国政府はこれで問題は解決したと考えたようである。軍艦の活動に関しては、「正常な活動であり、問題はない」とか、「日本側の心配した事態はすでに存在しない」との説明に、「わが国の安保関係者はこれで問題は解決した。中国の軍艦が日本近海に出現することはない」と受け取ったようである。平成一三年版『防衛白書』は、「八月の日中外相会談において、日中間の友好関係を損なうものであると中国側に伝え、その後日本近海での活動は見られない。このことは、日本側の懸念に対して中国側がしかるべき措置をとった結果と考えることができ、評価すべきである」と書いている。(4)

ところが中国の海洋調査船は、日本政府の「お墨付き」で堂々と東シナ海の日本側海域で「科学調査」を口実に、資源探査や軍事目的と考えられる海洋調査を実施した。また「二度と出現するはずのなかった」中国の軍艦が再び日本近海に出現し、今度は原子力潜水艦の作戦のための海洋調査を堂々と実施したのである。わが国政府の見方は誠に甘かったと言わざるをえない。

すでに第二部で論じたように、中国の海洋調査活動は東シナ海の排他的経済水域ばかりか、わが国の沖縄本島と宮古島の間の海域(「宮古海峡」)の調査にまで及んでいる。「宮古海峡」を含む沖縄本島と先島諸島周辺の海域は、中国の艦船が東シナ海から太平洋に出る際の通路で、中国が実施している海洋調査は先島諸島南側の太平洋海域にまで及んでいる。この海域での調査では、海底の地形の調査は言うまでもなく、細長い円筒型の観測機器などを海中に投入したり、引き揚げたりする動作を繰り返していることから、海域の水の温度、塩分濃度などの分析により、船舶とくに潜水艦の航行に必要な情報の収集を行なっていると推定される。

「塩冰」による調査は、それと密接な関連を持って実施されており、国家海洋局を中心とする海洋調査船の活動と海軍艦艇による調査活動は連携して実施されていることを示している。「宮古海峡」と沖縄周辺海域での海洋調査は今後も実施され、その範囲は拡大され、調査も精度化されて行くと見る必要がある。

二　ついに出現した中国の軍艦

1　海洋調査船の次は軍艦が来る

著者は一〇年ばかり前に、一九八〇年代以降の南シナ海における中国の動向を観察していて、九〇年代には東シナ海の石油ガス資源開発は本格化し、それとともにすでに実施されている日本側海域での各種調査も本格化するであろうと予測した。(5)

これまでに中国が実施した調査・試掘から、「平湖石油ガス田」(6)を中心として南北に伸びる海底地質構造（「西湖凹地」）には、石油資源が埋蔵されていると推定される。その南方にあり、遠からず正式に採掘が始まるであろう「春暁石油ガス田」(7)は、中国側の海域とはいえ「日中中間線」のすぐ向こう側の海域であり、さらに注意を喚起したいことは、「春暁石油ガス田」の直ぐ西南に位置し、「日中中間線」の日本側海域に五七〇メートル入った地点で、九五年一二月から「勘探3」号がわが国政府の中止勧告を無視して試掘を行ない、翌年二月中旬石油・ガスの自噴を確認して引き揚げたことである。(8)そして「日中中間線」を認めていない中国は、九五年以来昨年までの四年間に、東シナ海の日本側海域で各種の海洋調査を実施しており、(9)その海域および目的はほぼ明確になってきている。それらを概括すると次のようになる。

①中間線のほぼ真ん中の日本側海域で、尖閣諸島の北方から奄美大島の西方にかけての海域に当たる。ここでは地震探査が主体で、海底地質調査が行なわれているとみられる。②東シナ海から「宮古海峡」を通って太平洋に至る海域の調査で、円筒形の筒形の観測機器などを海中に投入したり、引き揚げたりする動作を繰り返しているところから、海域の水の温度、塩分濃度の分析などにより、潜水艦の航行に必要な情報収集と推定される。③尖閣諸島の周辺海域の調査で、同海域は東シナ海大陸棚で最も石油資源の埋蔵が有望とみられている海域であり、石油探査のための地震探査、および「宮古海峡」と同様に潜水艦作戦のための情報収集も行なわれているとみられる。

なによりも注目したい動向は、九九年春以来中国海軍の軍艦が出現し始めている事実である。海洋調査船の次に軍艦が現われることは、南シナ海南沙諸島の先例から十分予測できた。同海域では八〇年代に入るとともに、中国の海洋調査船による海洋調査が実施され、それの進行とともに同年代中葉になると、中国海軍艦隊が軍事演習を繰り返し、あるいは西沙諸島で海軍陸戦隊が上陸作戦・対上陸作戦を実施するなど、それまでの領有権の主張に留まっていた中国が、実効支配を示唆する言動をとるようになった。そして八八年春海軍艦艇が護衛するなかを陸戦隊がベトナムに近い六ヵ所のサンゴ礁に上陸して「中華人民共和国」の主権標識を建てて実効支配を現実にするとともに、数年のうちに永久施設を建設して実効支配を固めた。この海域の北側にはマラッカ海峡からバシー海峡へ通じるシーレーンが通っているばかりか、同海域にはベトナムが石油開発鉱区を設置して石油開発が進行している海域に隣接しており、その一角に中国は米国の石油企業を引き入れて石油鉱区を設定した。(10)

ついで中国はベトナム海域の実効支配が完了した九〇年代初頭に、フィリピンのパラワン島西方海域の海洋調査に着手し、数ヵ所の無人のサンゴ礁に主権碑を建て、九四年末までにフィリピンが領有権を主張するミスチーフ礁の四ヵ所に軍事施設と推定される建造物を構築した。フィリピン政府の抗議に対して、中国政府は漁民の避難施設であると答えて相手にしなかった。そして九八年から九九年にかけて、四棟と推定される永久施設が建設された。ミスチーフ礁の近くには、フィリピンが設定したリードバンクと呼ばれる石油鉱区がある。中国はここでも石油資源を目的として、進出し領有権を確保した。(11)

南沙諸島の実効支配を固めた中国海軍は、九二年四月二〇日の海軍記念日に自国の海洋権益を守ると明言し、(12)中国軍機関紙に高速ミサイル艦艇が編隊を組んで攻撃訓練を実施している写真が掲載されたことがある。

2　東シナ海を遊弋し始めた中国海軍

二〇〇〇年三月二一日防衛庁の藤田幸生海上幕僚長は、前年以来海上自衛隊が東シナ海ほか日本の近海で警戒監視活動中に中国海軍艦艇を七回、三一隻を視認したことを明らかにするとともに、その背景について「中国は最近海軍力の近代化を進めており、訓練で今までより沖合に出るようになったのではないか」との見方を示した。その直前に行なわれた台湾の総統選挙との関連について、「特に変わった動きはない」と説明した。(13)

中国海軍の艦艇が日本近海に出現したことは初めてではないが、一九九九年来複数の艦艇が日本近海を遊弋したばかりか、情報収集を行なっているとみられる船舶も出現した。先ず九九年五月一四日から一六日にかけて、尖閣諸島の北方一一〇キロメートルの海域に、「江湖Ⅰ」級フリゲート艦一隻、「侯興」級ミサイル護衛哨戒艇四隻、「OSA」級高速ミサイル艇三隻、「海南」級哨戒艇四隻の合計一二隻の艦艇が出現した。(14) これらの艦艇はどれも小型の旧式の軍艦であり、特別の訓練を行なわなかったものの、「陣形運動」と見られるジグザグ航行を行なったり、公表された写真から「江湖Ⅰ」級フリゲート艦の艦対艦ミサイルが航行中は前向きであるのに横を向いているところからミサイルの操作を行なったなど、基礎的な戦術訓練を行ないながら航行したことが分かる。

当時わが国では、日米防衛協力のための指針、いわゆる新ガイドライン関連法案が参議院で審議されていた真っ際中で、「周辺有事」の対象に台湾を含めるか否かで日本政府の態度に注目していた中国が、わが国に威圧を加えるというタイミングを選んだ示威行動であるという見方があった。これに

地図12　中国海軍艦艇の最近の活動状況

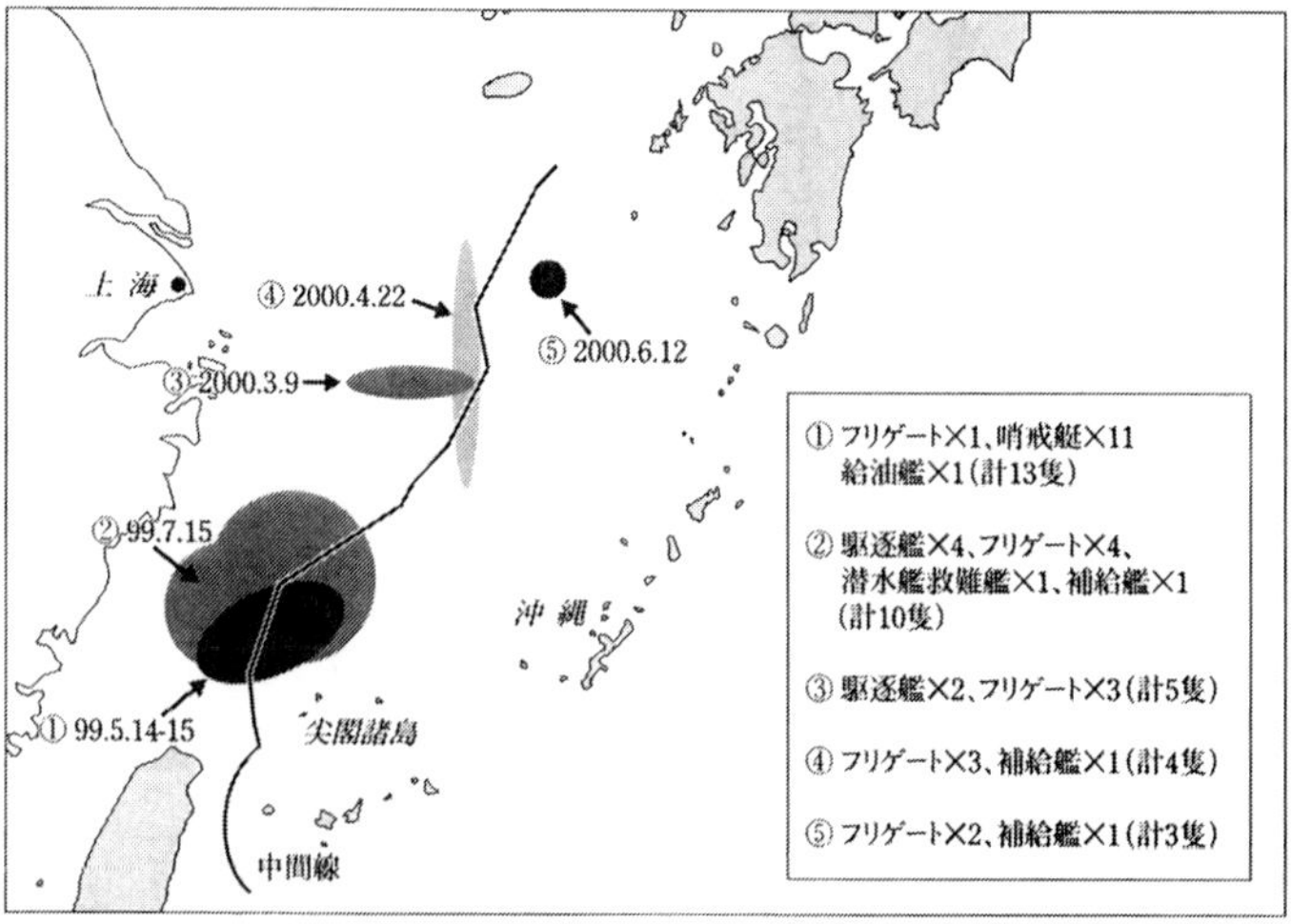

（出所）　海上幕僚監部広報室のリリースより作成。

対して日本政府は、高村外相が五月一七日参議院日米防衛協力指針特別委員会で、「公海上に漂泊し、わが国領海への侵入が目的と見受けられるような行動はなかった」と答え、また野呂田防衛庁長官は「ガイドライン関連法案との関連も含め、目的について確たることを申し上げることは困難である」と答弁した(15)。

軍艦が公海を航行することはもとより演習を実施することは違反行為ではないが、この報道に接した時軍艦がついに現われたかというのが、著者の率直な感想であった。「ついに」と書いたのは、著者は早くから東シナ海における中国の海底石油探査・試掘が実施されており、日中中間線のすぐ中国寄りの大陸棚では石油の採掘が着手されているところから、新しい探査・試掘の場を求めて遠からず日本側の海域での探査・試掘のための海洋調査が行なわれ、海洋調査船の次にはいずれ軍艦がやってくるとみていたからである。それ故「今回の軍艦出現は、わが国の反応を見るためのいわば小手調べで」あり、わが国政府がひたすら中国との「友好第一」の立場に固執し、あるいは小型で旧式な艦艇と見縊ったり、わが国は日米安保があるとか、自衛隊の戦力は世界でも有数であると自慢していると、「次第にエスカレートする」と著者は注意を喚起した。(16) それが単なる杞憂でなかったことがやがて明らかになった。

二ヵ月後の同年七月一五から二一日にかけて、尖閣諸島の北方一一〇〜二六〇キロメートルの海域に、「旅滬」級ミサイル駆逐艦一隻、「旅大I」級ミサイル駆逐艦三隻、「江威I」級ミサイルフリゲート艦二隻、「江湖I」級フリゲート艦二隻、「大江」級潜水艦救難艦一隻、「福清」級洋上補給艦一隻の合計一〇隻が出現した。(17) 二回目の艦艇は先進国から見れば水準は低いとはいえ、艦艇の規模が大型化し、中国海軍では最新鋭の軍艦であり、米国やロシアを親善訪問している「旅滬」級「ハルビン」号を中心に、四隻のミサイル駆逐艦を中心に編成され、洋上補給艦を随伴した本格的な外洋艦隊である。これらの艦艇はとくに訓練を行なうことなく、かなり広範囲の海域を遊弋していたところから、台湾有事とか、東シナ海の資源開発などの中国の利益に関わる事態に際して集結して行動できることを示したと考えられ、定期的な遊弋や訓練が始まる可能性がある。また排水量一万トンの潜水艦支援艦が随伴したことも注目すべきであり、今後潜水艦がこの海域に出現するであろう、と著者は当時書いた。(18)

そして二〇〇〇年三月九日、三回目の複数の艦艇による日本近海での活動があった。奄美大島の北西約三六〇キロメートルの海域で、「旅大I」級ミサイル駆逐艦二隻と「江威I」級ミサイルフリゲート艦一隻、および同三九〇キロメートルの海域で、「江威I」級ミサイルフリゲート艦一隻と「江威II」級ミサイルフリゲート艦各一隻、合計五隻の中国海軍艦艇がジグザクの行動をとりながら航行した。[19] このほかに戦闘艦艇ではないが、「塩冰」が九九年四月対馬海峡、五月那覇の北西二六〇キロメートルの海域、一一月に沖縄北北西一三〇キロメートルの海域に、[20] 二〇〇〇年二月に奄美大島北西二六〇キロメートルの海域をミサイル支援艦と見られる「東調232」がそれぞれ一隻航行した。[21]「塩冰」は情報収集を兼ねた砕氷艦で、とくに目立った電子観測機器を装備していないようである。

「東調232」は大小のパラボナ・アンテナ三基を装備しており、これまで東シナ海に現われた海洋調査船とは性格・任務を異にしている。海洋調査ではなく、ミサイルや人工衛星を追尾する科学観測艦と考えられるが、八〇年五月の大陸間弾道ミサイル発射実験を観測した二隻の「遠望」(その後一隻追加建造)と比べると、パラボナ・アンテナが小さく、戦略ミサイルよりは日本、台湾など東アジアの周辺地域を対象とした戦域・戦術レベルのミサイルの追尾を目的としていると考えられる。この艦艇は九八年一二月上海の黄浦江に停泊していることが確認されており、[22] 今回はその初航海と推定される。

こうした中国海軍艦艇の東シナ海進出についてさまざまな解釈ができるであろうが、東シナ海の石油資源の開発および台湾問題の進展を背景に、成長しつつある中国海軍が中国大陸沿岸から周辺の近海に進出してきたことにほかならない。①東シナ海の石油資源の開発、②台湾問題の進展、③中国海軍の成長が同時並行的に進展しているのである。

3　戦力を形成しつつある東海艦隊

二〇〇〇年早々、中国海軍東海艦隊の快速艇支隊が編成したミサイル護衛艇、駆潜艇、高速ミサイル艇からなる小型作戦艦艇部隊と護衛艦隊が中国大陸の海岸から二五〇キロメートルの公海の某海域で、合同対抗演習を実施したことが公表された(23)。演習ではミサイル護衛艦隊は複雑な条件下でミサイル攻撃を行ない、駆潜艇部隊は潜水艦を捜索攻撃し、護衛艦とミサイル護衛艇、ミサイル艇と駆潜艇は相互に対抗し、小型艦艇部隊が公海の海域で訓練を実施する先例を作った。小型艦艇を将来の海戦で活動させるためには、近海に展開できるようにしなければならない。このため快速艇支隊は沿岸だけで訓練を実施する従来の方式を改め、将来の戦場に標準を合わせて、小型艦艇を近海の異なる海域に展開し、霧のなか、暗夜、島礁海域、狭い水道など複雑な条件の下で、重点的に航行訓練を行なった。快速艇支隊は何回も艦隊を編成し、管轄区を跨いで長距離航行を行ない、敵を襲撃する訓練や公海遠距離航行訓練を行ない、訓練毎に航行距離を増やし、訓練毎に海域を複雑化して、護衛艇とミサイル艇の連続航行記録を作った。南北二八〇〇カイリに及ぶ海域で訓練を行ない、小型艦艇の近海応急機動作戦能力を高めた。さらに快速艇支隊は公海での演習のほかに、海上訓練支援方式の改革も進め、「港湾補給、埠頭修理」という固定支援方式を「海上支援、同行修理」という機動支援方式に改めた。

二月九日には『解放軍報』は、東海艦隊の訓練センターが創設されてからの一〇年間に、各型艦艇六〇隻の訓練を完了し、戦闘力を形成していること、特に九九年同センターに入った二隻の新型国産ミサイル護衛艦が既存の訓練大綱を新装備に適応したものに修正して訓練任務を終え、戦闘編隊に入ったこと明らかにした。(24)

さらに三月中旬、東シナ海で中国の駆逐艦部隊が、沿岸での一般的な訓練から近海での複雑な条件下での緊急訓練への転換を示す演習を実施したことが報道された。これまでの訓練は、一面的に時間と回数を追求するだけで訓練効果を軽視し、一面的に体力や技能を強調して知能を軽視する弊害があった。理論研究、図上実兵対抗演習の方法を導入し、上述した新世代駆逐艦訓練大綱が設定した課題に依拠して、水上艦艇戦闘力は編隊にあるとの法則を遵守して、近海において編隊による敵の威嚇下での艦艇攻撃、主要作戦艦艇との攻防、攻防作戦中の電子対抗、対潜水艦あるいはヘリコプター共同下での対潜水艦作戦などの海上演練を組織して、幹部の作戦能力を高めた。(25)

三月三一日には、予備役および一般向けに国防教育を目的としている新聞『中国国防報』に、東海艦隊の駆潜艇部隊が、昼間、夜間、複雑な海域、劣悪な気象条件などの下での対潜水艦作戦を遂行しているとの記事が掲載されている。(26)

以上紹介した何編かの公式報道から、中国海軍の訓練が沿海から近海へと内容はもとより、訓練を実施する海域が拡大しつつあること、東シナ海の真ん中まで拡大してきていることが裏付けられる。

4　積極的な対応を迫られる日本

中国は東シナ海大陸棚の石油資源開発を進めているが、中国の活動は石油資源探査に止まるものではなく、資源調査を通して東シナ海に対する影響力の行使、拡大を意図している。各種の海洋調査が実施されており、特に沖縄本島と宮古島との間の海域とその周辺海域では、海水の採取など潜水艦の航行に関連する調査を実施している。将来における台湾の軍事統一に備えて、あるいは東シナ海から太平洋への航路の確保を意図していると見られる。わが国海上保安庁の巡視船が逐一中止を呼び掛けているにもかかわらず、中国の海洋調査船は警告を無視して調査活動を続けている。軍艦が出現したことで、軍との連携による海洋調査活動に一段と力を入れ始めたといえよう。

「平湖石油ガス田」の採掘施設は僅か一週間で組み立てた。将来中国が日本側海域で試掘や採掘施設の建造に着手した時、日本政府はどうするのか。その日はいずれ来る。試掘施設や採掘施設は大きな施設であるから、完成してしまうと取り除くことは簡単ではない。その時もし中国海軍の軍艦が護衛したら、どうするのか。近代的な大型の軍艦でなくても、小型の高速ミサイル艇で十分である。上述した東海艦隊の高速ミサイル艇部隊が南シナ海で実施した軍事演習は、それを意識していると思われる。そのような事態が起こらないように、また起きた時にはどう対処するのか、今から考えておく必要がある。

今から二〇年以上も前の七八年四月に、一〇〇隻以上の中国籍武装漁船が突然尖閣諸島周辺の領海を侵犯し、尖閣諸島の領有権を主張したことがあった。この時鄧小平は「このような事件を今後起こさない」と約束した。(27) それから一八年後の九六年七月二〇日わが国政府は国連海洋法条約を批准して、尖閣諸島を基線とする二〇〇カイリ排他的経済水域を設定していながら、わが国が管轄する権利を保有している海域および大陸棚に対する中国の海洋調査船の調査活動ばかりか、尖閣諸島周辺の領海侵犯まで許してしまうという常識では考えられない重大な誤りを繰り返し犯している。(28) そして「ついに軍艦が出現する」事態が生まれている。わが国政府が中国との「友好関係」の維持にばかに気を使い、主権国家としての自覚を持ち、そのための行動を採らないかぎり、二〇余年来繰り返されてきた事態が繰り返され、日本はさらに追い詰められることになる。

最後に中国の台湾軍事統一との関連について簡単に述べるならば、中国の海洋調査船による調査活動は尖閣諸島周辺海域でも頻繁に行なわれている。将来において中国が台湾に対して何らかの軍事力を行使する際には、尖閣諸島周辺海域・空域は好むと好まざるとに関わりなく、戦域となる。さらに沖縄本島と宮古島との間の海域も中国海軍が通行することになる。近年の中国海軍艦艇の出現には、台湾に対する暗黙の威嚇の意図が込められている側面がある。中国海軍の艦艇が二回目に出現した時期は、七月九日に李登輝総統が台湾と中国の関係は対等の「国と国との関係」であるとの発言を契機に中国と台湾の関係が急速に悪化した時期に当たる。もとより艦隊の派遣には準備の時間を要するから、両者の間に直接の関係はないが、今後中国大陸台湾正面の南京軍区と広州軍区の部隊の動向や南シナ海での海軍力の動向と合わせ、台湾に対する威嚇を目的として艦隊を東シナ海に展開して来る可能性は強い。

三　中国軍艦の本州一周

1　「塩冰」級情報収集艦の日本近海での活動(29)

中国の海洋調査船の活動が例年になく増加したことで、わが国の政府・与党、マスコミがようやく関心を示し始めていた二〇〇〇年五月中旬から六月中旬にかけての約一ヵ月間、中国海軍の「塩冰」級情報収集艦「海冰」が、わが国の本州、四国、九州の周辺海域を情報収集活動を行ないながらゆっくり一周した。「塩冰」がちょうど一年前の九九年四月対馬海峡、五月と一一月に東シナ海の日本近海に出現したことについては、すでに論じた。

今回は本州、四国、九州を一周した。すなわち五月一四日から二〇日まで、対馬海峡を反復航行しながら、ソナーによる海底地形の観測、また各種観測機器を海中に投入して水温・塩分の濃度、流向・流速、透明度などの観測を行なった。その後日本海を北上して、五月二三日から津軽海峡をゆっくり一往復半航行して二五日夜半太平洋に出た。津軽海峡ではアンテナを回転させて通信情報を収集した。機器の投入はなかったが、海峡の海底地形調査を実施したことは間違いない。その後同艦は三陸海岸沿いに南下して、二九日犬吠埼沖合に達し、三〇日にかけてアンテナを回転しながら同埼沖合のかなり長い距離を約一日かけて南北にゆっくりと一往復した。この地域には首都圏を防衛する航空自衛隊百里基地（茨城県）、峰岡山レーダーサイト（千葉県）などが所在するから、それらの基地の通

地図13　中国の艦船「塩冰」と「東調」の動き

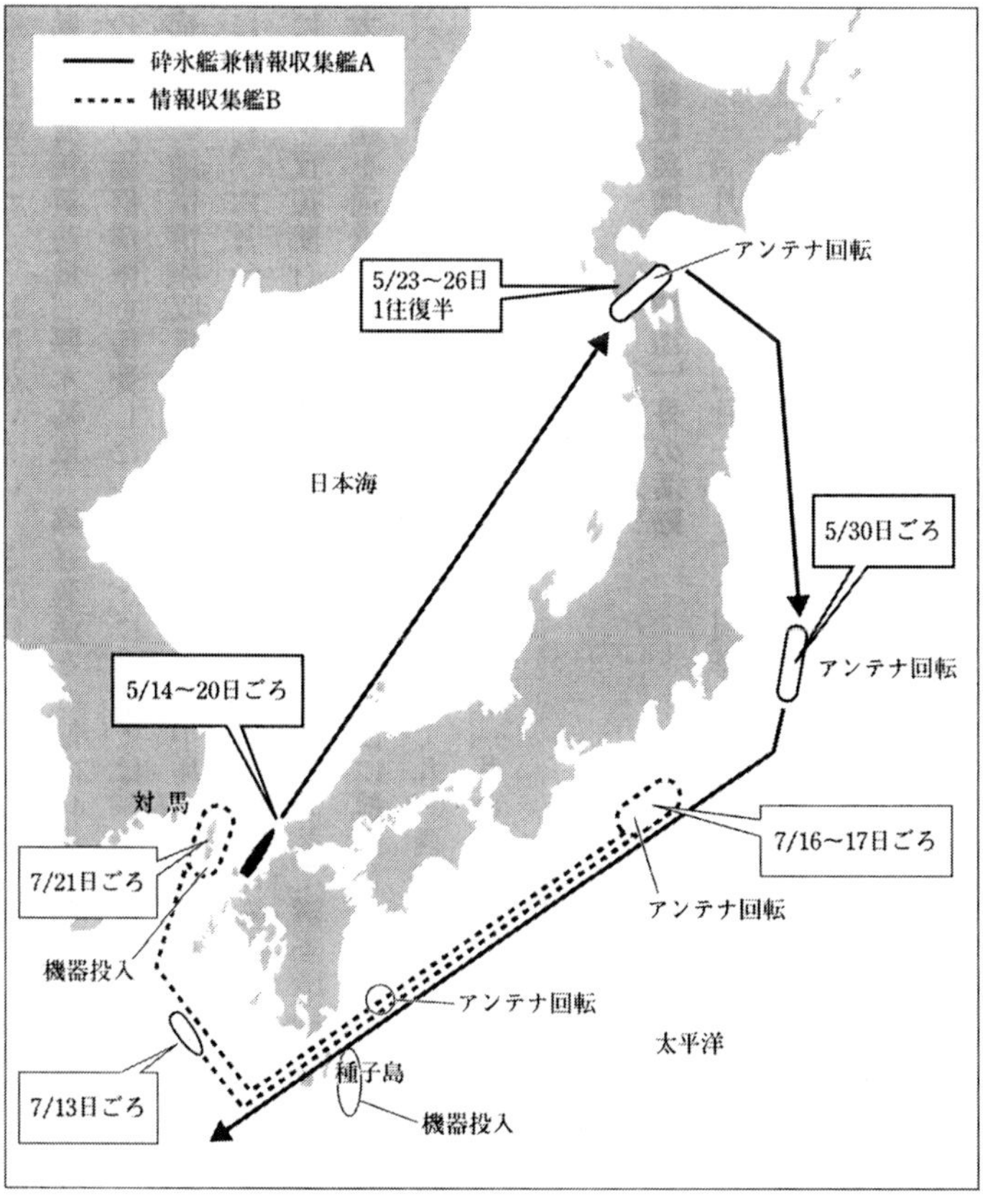

（出所）『毎日新聞』2000年８月13日。

信情報を傍受したことは間違いない。さらにこの地域には、東京には防衛庁情報本部、横田基地、神奈川県には横須賀基地、厚木基地、瀬谷基地その他の自衛隊基地、米軍基地が多数点在している。それらの基地の通信情報を傍受したかどうかについては、分からない。

首都圏での通信情報収集を終えた同艦は、房総半島、伊豆半島、紀伊半島、そして四国の南岸沖合を西に航行し、六月一日から三日にかけて、種子島の東方から南方のかなり大きな海域で、大きくZ字型に漂泊・反復航行を繰り返し、あるいは機器を投入して調査活動を実施した。三日から四日にかけて大隅海峡を通過して、東シナ海に入り、ほぼ西に航行して七日には日中中間線の中国側海域に去った。一〇日再び日本側海域に出現し、二〇日まで九州西側の東シナ海・日本側海域を航行した。なお「塩冰」には海上自衛隊第三護衛隊群の護衛艦「さわゆき」が追尾し、警戒・監視とともに同艦に関する情報を収集した。

2　情報収集艦「東調232」号の活動(30)

それから一ヵ月を経ない七月一三日、中国海軍の情報収集艦「東調232」号が長崎県沖の海域に出現し、一四日には大隅海峡を通過して、海上自衛隊鹿屋航空基地と航空自衛隊新田原航空基地のある九州南部沖合をアンテナを回転しながら西に航行し、一五日には紀伊半島の南方海域、一六日から一七日にかけて志摩半島から伊豆半島にかけての東海沖をアンテナを回転させながら一往復した。その後は反転して紀伊半島、四国沖合を西航して、大隅海峡を通過して東シナ海に出てから北上し、五島列島西北部で日中中間線沿いに航行、対馬海峡東水道と西水道を往復した後、日中中間線沿いに五島列島西北部海域まで航行した後、七月二三日中国側海域に去った。情報収集艦「東調232」号は同年二月奄美大島の北西海域に出現したことがあった。本書第四章で論及したが、その際「東調232」は戦術・戦役級ミサイルを追跡する艦艇であるから、相当高性能な通信情報収集能力を備えていると書いた。

3　無気力な日本の安保関係者

二隻の軍艦の出現は、第一に、津軽海峡や大隅海峡などわが国の特定海域を通過し、太平洋側まで進出するなど活動が拡大したこと、第二に、わが国を一周したり、近隣海域で漂泊、反復航行などを実施したこと、第三に、犬吠埼沖合、東海地方沖合で、アンテナを回転させて、何らかの情報収集活動を行なったと推定されるなど、これまでにはなかった活動を実施したところに、特徴があった。

こうした活動について防衛庁は、「中国海軍が南シナ海からばかりでなく、津軽海峡から太平洋に抜けるようになると、作戦の幅が広がることになる。津軽海峡を通過する機会も増える可能性もある」との見方を示したようであるが、わが国政府は、直ちに国際法上問題があると断定することは困難であるとした。(31) 何故ならば、当該艦艇の運航した水域は公海上（かつ排他的経済水域でもある）であり、軍艦の航行は基本的に自由であるとの認識である。しかしながら日中間の信頼関係・友好関係の観点から適切ではないとの立場に立って、外交ルートを通じて懸念を表明した。すなわち六月の日中安保対話、七月バンコクでの日中外相会談、さらに八月の北京での日中外相会談で懸念を表明した。

（本書第五章で論じた）

津軽海峡などの海峡は国際海峡であるところから、わが国は領海幅を三カイリとしているので、海峡の中央部分に領海でない海域が生まれる。この海域は公海と同様に軍艦の無害通行が認められている。しかしそれには継続的、かつ迅速に通過することが義務付けられており、時間をかけて通過し、途中で特異な行動をとることは認められていない。公海であるならば何をやってもよいというものでもないし、公海であるから仕方がないといって済ませる問題ではないであろう。それにしても理解できないのは、中国海軍の艦艇がわが国の近海にまで接近し、津軽海峡まで通過しているというのに、わが国のマスコミが一部を除いて報道していないことである。

だがそれよりも問題なのは、軍艦が去ってから四週間を経ての定期協議の場で抗議するというのは鈍感なのか、それとも無関心なのか、これがわが国の安全保障を担当している部局かと驚くほかない。その安保協議は二〇〇〇年七月一九日・二〇日北京で開催された。日本側が、「塩冰」が対馬海峡、津軽海峡など日本近海で活動したことについて、「中国側の意図が理解できない」として不快感を表明したのに対して、中国側は「日本側の懸念は認めるが、正常な活動であり、問題はない」と答えた。(32)

安保協議が行なわれた同じ時期に、藤縄統合幕僚会議議長が中国を訪問した。張万年中央軍事委員会副主席、遅浩田国防部長、傅全有総参謀長らと会談したにもかかわらず、わが国の新聞報道で見るかぎり、この問題が話し合われた形跡はない。わが国の制服組のトップである統合幕僚会議議長が中国を公式訪問して、中国軍の最高指導者たちと会談していながら、何故それが議題とならないのか。

なお中国側の報道は一切触れていない。

同じ時わが国では、七月二〇日の閣僚会議で瓦防衛庁長官は、「電波情報収集だったのか、どういう目的だったのか。（中国に）よく言っていく必要がある」と述べ、中国側の動きに強い懸念を表明した。また瓦長官は閣議後の記者会見で、「国の安全を考える防衛庁としては関心をもって対処していく」として、中国艦艇への監視を強化していく考えを示した。閣僚会議では、中山正暉建設相が「情報収集艦の動きはどういう行動だったのか懸念される。この時期に、藤縄統幕議長が訪中しているのは、矛盾しているのではないか」と指摘し、玉沢一郎農水相も「同艦の行動には特別の意図があったのではないか」と述べた。これに対して瓦長官は統幕議長の訪中については、「日中の信頼醸成の構築には積極的に取り組むべきだ」との認識を示し、河野外相も「軍事防衛関係者の往来は重要だ」と述べた。(33)「日中の信頼醸成の構築に積極的に取り組む」必要があるのであれば、その大前提としてこの問題を提起すべきではなかったか。統幕議長の中国訪問でこの問題が論議されたのか。議題となったのであるならば、その内容を報道すべきであり、議題となっていないならば、安全保障を担当する部局の鈍感さ、無関心に改めて驚く。

同年七月バンコクでＡＳＥＡＮ会議が開催され、出席した日中外相の間で会談が行なわれた。河野外相は海軍艦艇の日本近海での活動について、「日本国内の関心が高く、中国においてもマナーの問題として、日本側に通報することが大事である」と申し入れ、さらに「そのような活動を行なうよりも、例えば海軍艦艇の相互訪問を行なって、当局間の信頼醸成関係を深めることの方が重要である」

と提案した。[34] さらに八月の北京での外相会談でも、海軍艦艇の日本近海での活動は「双方の信頼関係を阻害するもので、自制してほしい」との要請に対して、唐家璇外交部長は「日本側の心配した事態はすでに存在しない」と答えた。[35] 河野外相を含めて外務省関係者および政府・与党の多くは、これで問題は片付いたと見たようであるが、問題は何も片付いていなかったことが、翌年になると明らかになった。

四 再び現われた「塩冰」級情報収集艦

二〇〇一年七月一〇日、解決して、「二度と出現するはずのなかった」中国海軍艦艇が再び日本近海に出現した。[36] 前年に本州を一周した「塩冰」級情報収集艦で、今度は同月二四日まで、種子島南南東の海上から硫黄島にかけての広大な太平洋の海域で、短冊型に反復航行しながら、六〇キロメートル（緯度・経度の一分）毎に二時間停泊して精密な海洋調査を実施した。[37] すでに論じたように、中国の海洋調査活動は東シナ海の排他的経済水域ばかりか、わが国の沖縄本島と宮古島の間の海域（「宮古海峡」）の調査にまで及んでいる。中国が太平洋に出るには、この「宮古海峡」を通るか、台湾とフィリピンとの間のバシー海峡を通らなければならない。その意味で沖縄と台湾は極めて重要な戦略的位置にある。何よりも注目したい動向は、中国海軍の潜水艦がかなり早くから「第一列島線」から「第二列島線」の海域に進出していることである。

八〇年五月、中国が南太平洋のフィジー島北部海域に向けて大陸間弾道ミサイルの発射実験を実施する直前の同年三月末、東海艦隊の「256」型在来型潜水艦が第二列島線を突破して、西太平洋で「作戦行動半径テスト」を実施している。(38)両者は無関係ではないと推定される。

第二列島線とは、千島列島から日本の小笠原諸島、硫黄島、およびマリアナ諸島へと南下する列島線で、その海域内で、中国の潜水艦が設計通りの燃料、弾薬、儀器、淡水などの各種設備・備品を装備して、基地から出発し、途中補給することなく作戦任務を遂行できるかどうかをテストしたのである。中国の潜水艦は七六年一二月に、東海艦隊の「252」型在来型潜水艦が千島列島から日本列島、日本の南西諸島、台湾から南下してフィリピン、セレベス島の東側に至る第一列島線を突破して西太平洋に進出して、航行、偵察訓練を実施し、七七年一一月には東海艦隊の「271」型在来型潜水艦が第二列島線に入って、偵察任務を行なったことはあったが、(39)第二列島線を突破して、太平洋中部まで進出して作戦訓練を実施したことはなかった。なお七七年一一月に第一列島線を突破した潜水艦の艦長は、劉華清の後を継いで海軍司令員となった張連忠である。

大陸間弾道ミサイルの発射実験は、中国の戦略核兵器の発展にとって重要な出来事であったが、中国海軍の発展から見ても、それまでの沿岸防衛海軍から外洋海軍への発展を画す出来事であった。言い換えれば、中国の外洋海軍への発展は、中国の戦略核兵器の発展と不可欠の関係を持っているのである。

建国以来中国軍が最も力を注いできた軍事力は、メガトン級の米国に届く弾道ミサイルの開発・配備である。[40]具体的には大陸間弾道ミサイル（ＩＣＢＭ）および原子力潜水艦搭載弾道ミサイル（ＳＬＢＭ）である。これまでの四〇数年の努力により、中国は移動式で自動化されたかなり精度の高い短距離弾道ミサイル（「東風11・15」）を開発・配備し、台湾を完全に射程内に収めている。同様に移動式で自動化されたかなり精度が高く、日本をはじめとする中国周辺の米国の同盟諸国を射程に収める中距離弾道ミサイル（「東風21」）も完成している。

肝心の米国に届く信頼性の高い弾道ミサイルは未だ開発されていないが、この数年来実施された数回の実験から、射程八〇〇〇キロメートルの大陸間弾道ミサイル（「東風31」）が完成しつつある。しかしこれでは米国の東海岸を射程内に収めることはできない。そこで一万二〇〇〇キロメートルの大陸間弾道ミサイル（「東風41」）の開発、および「東風31」を改良して原子力潜水艦に搭載する弾道ミサイル（「巨浪2」）の開発・配備に全力を投入している。この数年来「巨浪2」の実験が行なわれたとの情報が流れており、またそれを搭載する原子力潜水艦に関する情報もしばしば伝わってくる。

「東風31」二回目の発射実験が公表された直後の二〇〇〇年一二月、同ミサイルを改良した「巨浪2」の発射実験が行なわれたのに続いて、新しい原子力潜水艦が完成したとの情報が流れた。[41]ごく最近では二〇〇一年六月二八日に、黄海、東シナ海、南シナ海の三ヵ所に配備した新型原子力潜水艦「094」型から、新型の潜水艦発射弾道ミサイル（ＳＬＢＭ）「巨浪21Ａ」（射程八〇〇〇キロメートル）を同時に発射する実験に成功したという。[42]それらの情報の信憑性に問題はあるにしても、中国が「巨浪2」の開発とそれを搭載する新型原子力潜水艦の建造に全力を集中していることは確実である。

新しい原子力潜水艦とそれに搭載する弾道ミサイルが完成すれば、いずれはバシー海峡あるいは「宮古海峡」を通って、西太平洋に展開されることになろう。東シナ海から、南シナ海、日本近海、そして西太平洋で、中国の原子力潜水艦をめぐる米国と中国の作戦が展開されることになる。(43) それは日本をも巻き込まずにはおかないであろう。情報収集艦「塩冰」級情報収集艦の活動は、その幕開けとなるのであろうか。

註

(1) 海幕広報室「中国海軍艦艇の動向について」平成一三年七月一三日。海幕は前年の同艦の本州一周の際とは違って、今回は七月一六日以降、同艦が日本側海域を出た七月三一日まで、毎日動向を公報した。当然の措置である。

(2) 「長征運載火箭再征太空、我国第一顆導航定位衛星発射成功」『解放軍報』二〇〇〇年一〇月三一日、「第二顆〝北斗顆導航試験衛星〞在西昌升空、我国将擁有第一代衛星顆導航定位系統」『人民日報』二〇〇〇年一二月二二日。なお『当代海軍』二〇〇一年第五号に「解読衛星導航定位系統」という解説が掲載されている。

(3) 二〇〇一年に入ってから『当代海軍』誌に、「二一世紀深海作戦研析」第四期、「核潜艇―奪取局部制海権的撒手鐧」第五期、「大洋深処的角逐―導弾核潜艇及潜射導弾発平成展追記」第五期など、原子力潜水艦、深海底作戦に関連する記事が掲載されている。

(4) 防衛庁『平成一三年版　日本の防衛』(財務省印刷局) 六一〜六二頁。

(5) 拙稿「東アジアの危険な軍拡競争」『週刊東洋経済』一九九一年一一月一六日号八二頁、「これが中国の『海洋覇権』地図だ」『諸君!』一九九二年七月号一二八〜一三九頁。

(6) 「平湖ガス油田」については、拙稿「拡大する中国の東シナ海進出」『東亜』一九九九年四月号を参照されたい。

(7) 「春暁ガス油田」については、拙稿「ここまで来た中国の東シナ海油田開発」『東亜』二〇〇〇年六月号を参照されたい。

(8) 前掲拙稿「拡大する中国の東シナ海進出」、および「活発化する中国の東シナ海の資源開発」『東亜』一九九六年七月号、本書第五章として収録。

(9) 拙著『中国の海洋戦略』(一九九三年、勁草書房)第一章「中国海軍の南シナ海進出」。

(10) 拙著『続中国の海洋戦略』(一九九七年、勁草書房)第三章「中国のフィリピン海域への進出」。

(11) 前掲拙著『中国の海洋戦略』七〜八頁。

(12) 「中国海軍の動き活発、日本近海、海自まとめ」『朝日新聞』二〇〇〇年三月二三日、「中国艦船動き活発化、海自発表『訓練実施の可能性も』」『日本経済新聞』同年三月二三日。

(13) 海幕広報室「中国海軍軍艦の動向について」一九九九年五月一四日。

(14) 「何らかの訓練か、防衛庁長官」『産経新聞』一九九九年五月一八日。中国海軍の艦艇が二回目に出現した時期は、七月九日に李登輝総統が台湾と中国の関係は対等の「国と国との関係」であるとの発言を契機に中国と台湾の関係が急速に悪化した時期に当たる。もとより艦隊の派遣には準備の時間を要するから、両者には直接の関係はないが、今後中国大陸台湾正面の南京軍区と広州軍区の部隊の動向や南シナ海での海軍力の動向と合わせ、台湾に対する威嚇を目的として艦隊を東シナ海に展開して来る可能性は強い。

(15) 拙稿「ついに軍艦が現われた、中国の海洋調査は軍事と直結」『産経新聞』(正論)一九九五年五月二九日。

(16) 海幕広報室「中国海軍軍艦の動向について」一九九九年七月一五日。

(17) 「尖閣諸島周辺に中国ミサイル艦、防衛庁定期化を懸念」『産経新聞』一九九五年七月一七日。

(18) 前掲拙稿「ついに軍艦が現われた、中国の海洋調査は軍事と直結」。

(19) 海幕広報室「中国海軍軍艦の動向について」二〇〇〇年三月九日。

(20) 海幕広報室「中国海軍軍艦の動向について」一九九九年一一月一六日。

(21) 海幕広報室「中国海軍軍艦の動向について」二〇〇〇年二月五日。

(22) 「上海で目撃した中国の新型艦」『世界の艦船』一九九九年四月号一六頁。

(23) 「編隊遠航、長途奔襲、海上対抗、促対断殺、途中補給、伴随保障、我軽型艦艇編隊首次演練公海」『解放軍報』二〇〇〇年一月一七日。

(24)「東海艦隊訓練中心向科技要戦闘力、十年全訓艦艇六十艘」『解放軍報』二〇〇〇年二月九日。
(25)「海軍某駆逐艦支隊適応現代海戦需要調整訓練内容、艦艇編隊訓練従近岸走向近海」『解放軍報』二〇〇〇年四月一三日。
(26)「猪潜艇編隊緊急啓航」『中国国防報』二〇〇〇年三月三一日。
(27)前掲拙著『続中国の海洋戦略』一二四頁以下。
(28)同一七七～一七八頁。
(29)拙稿「中国情報収集艦の日本一周は何なのか、政府・マスコミは現実報せる義務」(正論)『産経新聞』二〇〇〇年六月一六日。
(30)「中国艦船東海沖往復を確認、防衛庁注視、対応協議も」『産経新聞』二〇〇〇年七月一八日。
(31)「中国艦津軽海峡を初横断、防衛庁活動域の拡大注視」『産経新聞』二〇〇〇年五月二五日。
(32)「日中安保対話、中国海軍に懸念表明」『産経新聞』二〇〇〇年六月二〇日。
(33)「防衛庁事前通告なしの調査活動、中国艦船の監視強化」『産経新聞』二〇〇〇年六月二一日。
(34)「中国艦船の活動に懸念、河野外相、唐外相に表明」『読売新聞』二〇〇〇年七月二九日夕刊。
(35)「外相会談要旨」『朝日新聞』二〇〇〇年八月二九日。
(36)「中国の〝外洋海軍〟警戒、外務省及び腰、防衛庁と足並み乱れ、砕氷船の情報収集東方に拡大」『産経新聞』二〇〇一年六月一四日。
(37)「中国艦、九州南で情報収集、潜水艦航路を調査、本社機確認、太平洋進出準備か」『東京新聞』二〇〇一年七月二八日。著者は同月二五日『東京新聞』の取材に同行し、同社の航空機から上空から観察する機会を得たが、同艦は小笠原諸島を北上中の台風を避けるためか、七月一〇日のほぼ同じ海域に戻って、再び同じコースをたどり始めていた。拙稿「中国艦を分析する、調査範囲は今後も拡大、注目される海軍の外洋進出」『東京新聞』二〇〇一年七月二八日。
(38)(39)「256艇首次突破第二島鏈載秘」『航海』二〇〇〇年第六期(一一月二五日)二〇～二三頁。
(40)詳しくは拙著『中国の核戦力』(一九九六年、勁草書房)「中国の核戦力と核戦略」、簡単には拙著『中国の軍事力』(文春新書)(平成一一年、文藝春秋)第一章「台頭する核大国・中国」を参照。

(41) 「中国ミサイル実験成功か」『朝日新聞』二〇〇〇年一二月一六日、「次世代原潜が進水、香港紙報道」『産経新聞』二〇〇一年一月七日。
(42) 「中国、SLBM発射実験、新型『巨浪』、香港情報、射程八〇〇〇キロ、目標命中」『読売新聞』二〇〇一年七月三日。
(43) 「中国・ロシア、潜水艦戦力増強で米の新たな脅威に」『産経新聞』一九九七年四月九日を参照。

あとがき

本書は一九九七年に出版した『続中国の海洋戦略』以後執筆した論文を主体として、中国の海洋活動についてまとめたものである。

第一章は未発表論文である。未成熟な内容であり、本書の巻頭論文としては相応しくない。機会を得て精緻な論文に仕上げたいと考えている。

第一部を構成する第二章と補論は、一九九二年一〇月号の『東亜』に掲載した「外洋を目指す中国海軍指導体制の形成」の一部であり、第三章は同誌九八年三月号に掲載した同じ題名の論文を一部手直しして収録した。

第二部の第四章は、雑誌『東亜』九九年四月号の「拡大する中国の東シナ海進出」を主体に、同誌二〇〇〇年六月号に掲載した「ここまで来た中国の東シナ海油田開発」のなかの石油開発に関連する部分を合体して、中国の東シナ海石油開発に関する一つの論文としてまとめた。第五章は、二〇〇一年一〇月号の『東亜』に発表した同題名の論文である。

第三部に収録した二篇のうち、第六章は『ディフェンス』九九年秋季号に掲載した「中国の海洋進出と東アジアの秩序維持」を全面的に加筆・拡大したものである。第七章は『東亜』二〇〇一年七月号に掲載した同名の論文を、本書に収録した他の論文と重複する一部を削除して収録した。

第四部の第八章は、九三年一一月号の『東亜』に発表した論文である。中国が早くから多金属団塊に関心を示し、深海底の探査・開発に専念してきたことについては、ほとんど知られていない。その意味でこの論文は、これまで出版した著書のなかに収録したかったのであるが、紙数の関係で収録できなかった。元の原稿に、初めのところに太平洋での海洋調査を付け加え、後半に最近の動向を書き加えた。中国は九六年夏北京で国際地質会議を開催して、大陸・大洋のプレートの動きを研究する国際的なプロジェクト「大洋底掘削計画（ODP）」への参加を決定し、具体的な活動を開始している（九六年八月二八日付け『産経新聞』「正論」で簡単に触れておいた）。中国大陸および周辺海域の地質構造を解明し、資源調査に役立せることも目的としている。これについてまとめた論文を収録したいと考えていたが、十分に研究が進んでいないことに加えて、紙数の関係で今回は見合わせた。

終章は、二〇〇一年一〇月号の『問題と研究』に掲載した同題名の論文である。

本書への収録を許可して下さった雑誌『東亜』、『問題と研究』を刊行している霞山会、『問題と研究』出版に感謝したい。最後になったが、本書を出版するに当たって、杏林大学の学術刊行物出版助成を受けた。また本書は勁草書房島原裕司氏の御尽力により、著者の予定より早く出版できた。合わせて感謝する。

著者略歴

1936年　静岡県に生まれる。
1966年　慶應義塾大学大学院法学研究科（政治学専攻）博士課程修了
　　　　慶應義塾大学法学博士
1967年　防衛庁防衛研究所勤務
　　　　第一研究部第三研究室長
現　在　杏林大学社会科学部教授
著　書　『中国の国防と現代化』（勁草書房、1984年）
　　　　『中国の国防とソ連・米国』（勁草書房、1985年）
　　　　『中国　核大国への道』（勁草書房、1986年）
　　　　『中国と朝鮮戦争』（勁草書房、1988年）
　　　　『鄧小平の軍事改革』（正・続）（勁草書房、1989、1990年）
　　　　『甦る中国海軍』（勁草書房、1991年）
　　　　『中国の海洋戦略』（正・続）（勁草書房、1993、1997年）
　　　　『中国人民解放軍』（岩波書店、1994年）
　　　　『軍事大国化する中国の脅威』（時事通信社、1995年）
　　　　『中国の核戦略』（勁草書房、1996年）
　　　　『中国の軍事力』（文藝春秋、1999年）
　　　　『江沢民と中国軍』（勁草書房、1999年）
　　　　『中国軍現代化と国防経済』（勁草書房、2000年）

中国の戦略的海洋進出

2002年1月10日　第1版第1刷発行
2003年1月15日　第1版第2刷発行

著　者　平《ひら》　松《まつ》　茂《しげ》　雄《お》

発行者　井　村　寿　人

発行所　株式会社　勁《けい》　草《そう》　書　房

112-0005 東京都文京区水道2-1-1 振替 00150-2-175253
（編集）電話 03-3815-5277／FAX 03-3814-6968
（営業）電話 03-3814-6861／FAX 03-3814-6854

三協美術印刷・青木製本

ISBN 4-326-35126-8　Printed in Japan

中国の戦略的海洋進出

2015年1月20日 オンデマンド版発行

著　者　平　松　茂　雄

発行者　井　村　寿　人

発行所　株式会社　勁《けい》草《そう》書　房

112-0005 東京都文京区水道2-1-1　振替　00150-2-175253
（編集）電話03-3815-5277／FAX 03-3814-6968
（営業）電話03-3814-6861／FAX 03-3814-6854

印刷・製本　(株)デジタルパブリッシングサービス http://www.d-pub.co.jp

AI948

ISBN978-4-326-98191-5　Printed in Japan